NHK
趣味の園芸

12か月
栽培ナビ

カキ

三輪正幸
Miwa Masayuki

写真：カキ（撮影：三輪正幸）

目次

Contents

Column

12か月栽培ナビ　27

もっとうまく育てるために　84

本書の使い方

ナビちゃん
毎月の栽培方法を紹介してくれる「12か月栽培ナビシリーズ」のナビゲーター。どんな植物でもうまく紹介できるか、じつは少し緊張気味。

本書はカキの栽培にあたって、1月から12月に分けて、月ごとの作業や管理を詳しく解説しています。また、主な品種の解説や病害虫の予防・対処法などをわかりやすく紹介しています。

*「カキ栽培の基本」

(5～26ページ)では、カキの特徴や栽培上の注意点、品種情報、品種の選び方を解説しています。

*「12か月栽培ナビ」

(27～83ページ)では、月ごとの主な管理と作業を、初心者でも必ず行ってほしい基本と、中・上級者で余裕があれば挑戦したいトライの2段階に分けて解説しています。また、無農薬は無農薬や減農薬で栽培する際に重要となる作業です。作業の手順は、適期の月に掲載しています。

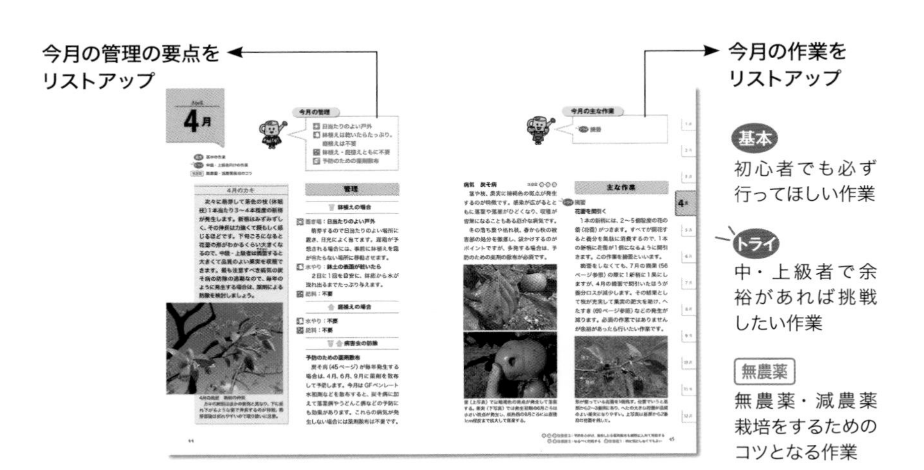

*「もっとうまく育てるために」

(84～95ページ)では、主な病害虫とそのほかの障害への予防・対処法のほか、置き場、水やり、肥料といった日常の管理について解説しています。また、実つきが悪くなった場合の対処法についても紹介しています。

- 本書は関東地方以西を基準にして説明しています。地域や気候により、生育状態や開花期、作業適期などは異なります。また、水やりや肥料の分量などはあくまで目安です。植物の状態を見て加減してください。
- 種苗法により、種苗登録された品種については譲渡・販売目的での無断増殖は禁止されています。また、品種によっては、自家用であっても譲渡や増殖が禁止されており、販売会社と契約書を交わす必要があります。つぎ木などの栄養増殖を行う場合は事前によく確認しましょう。

カキ 栽培の基本

カキ栽培をスタートするうえで
知っておくべき基本情報について解説します。

Kaki

M.Miwa

カキはどんな植物？

分類：カキノキ科カキノキ属
形態：落葉高木
学名：*Diospyros kaki*

カキとは

カキはカキノキ科カキノキ属の果樹で、冬にすべての葉を落とし、庭や畑に植えて放任すると樹高5m 以上にもなる落葉高木で剪定が必須です。

和のイメージが強いですが、栽培種の祖先の原産地は中国で、奈良時代に渡来したといわれています。日本の気候風土に適応し、北海道と沖縄を除いて全国で栽培でき、防除を徹底すれば無農薬栽培も夢ではありません。

カキの魅力

春に枝葉が伸び、初夏に開花して果実を肥大させ、秋に収穫を迎えて冬に紅葉・落葉します。このように季節の移ろいを感じることのできる表情豊かな果樹で、収穫の楽しみに加えて観賞性が高いのが特徴です。

甘ガキと渋ガキがあり品種も多彩ですが、基本的な栽培方法は同じで、庭植え、鉢植え問わず気軽に育てることができます。

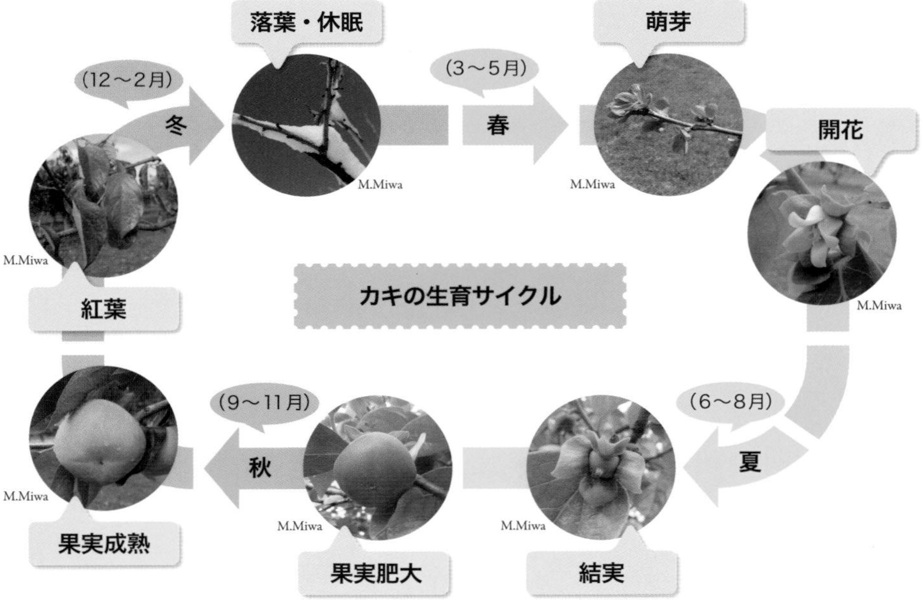

カキの生育サイクル

落葉・休眠
(12～2月)
冬
M.Miwa
(3～5月)
春
萌芽
M.Miwa
開花
M.Miwa
(6～8月)
夏
結実
M.Miwa
(9～11月)
秋
果実肥大
M.Miwa
果実成熟
M.Miwa
紅葉
M.Miwa

生育の特徴と栽培上の注意点

生育の特徴

寿命が長い

うまく育てれば樹齢100年を超えても生存し、収穫もできる。人間よりも長生きする植物。

寒さや暑さに強い

冬は−13℃程度まで耐えられる。猛暑の夏でも水さえ足りていれば、暑さ自体で枯れることはほとんどない。

病害虫発生は中程度

炭そ病（84ページ参照）やカキノヘタムシガ（86ページ参照）には要注意。それ以外はそれほど気にしなくてもよい。

鉢植えに向く

庭植えはもちろん、鉢植えでも栽培可能で、むしろ実つきがよく初結実まで3年程度と短い（32ページ参照）。

栽培上の注意点

大木になりやすい

剪定しないで放任すると大木になりやすい。特に庭植えでは注意（36、77ページ参照）。

隔年結果しやすい

豊作と不作の年が交互に発生しやすい。摘蕾や摘果をすれば防止できる（45、56ページ参照）。

受粉樹が必要な品種も

タネが入らないと落果したり渋が抜けにくくなる品種は、受粉樹として雄花が咲く品種を植える必要あり（24〜25ページ参照）。

根が乾燥に弱い

太くて長い根が深く張る一方で、細い根が少ない。根が乾燥すると落果し、果実品質も悪くなりやすいので水やりが重要（91ページ参照）。

※上記の特徴や注意点は鉢植え、庭植え共通

品種が多種多様で魅力的

品種数は1000以上？

カキの魅力の一つは種類が豊富なことです。品種登録がされているものだけでも66品種あり（2020年時点）、古くから地方などで少数栽培されているものを加えると、一説には1000を超える品種が存在するといわれています。

本書では、そのうちの60品種を厳選して紹介しています。多種多様な品種から選ぶのもカキ栽培の醍醐味ですが、味の特徴だけでなく24～25ページの品種選びのポイントや下コラムの「雄花の有無」なども参考にしましょう。

品種は多様で果実の色形や味などの性質は千差万別。好みが多様化している現代でも、自身の好みに合った品種がきっと見つかるはず。

Column

雄花の有無

カキは雌花と雄花が同じ木に咲くタイプの植物（雌雄同株異花（しゆうどうしゅいか））です。しかし、実際に雌雄の両方が咲くのは禅寺丸などの限られた品種だけで、ほとんどの品種では雌花のみが咲き、雄花は咲きません。まれなケースとして、太秋や正月などでは、雌花と雄花のほかに雄しべと雌しべをもつ両性花が咲きます。

なお、本書で雌花のみと記載がある品種（例えば富有や次郎）でも、ごくまれに雄花が咲くことがあります（右写真）。また、雄花が咲くとされている品種でも、幼木や多肥、過剪定で栽培された成木では、雄花が咲かないことがあります。

花の雌雄と品種例

花の雌雄	品種例
雌花のみが咲く	富有、次郎、太豊、早秋、陽豊など
雌花と雄花が咲く	禅寺丸、筆柿、西村早生など
雌花、雄花、両性花が咲く	太秋、正月など

富有に咲いた雄花。雄花が咲くのは珍しい。

「甘ガキ」と「渋ガキ」は何が違う？

甘ガキは果実が未熟な状態では渋いものの、成熟とともに渋が抜けて収穫時には食べられる状態になるカキです。収穫後の渋抜きの作業が不要で手軽なため、古くから人気です。

渋ガキは収穫時でも渋いままのカキですが、収穫後にアルコールなどで渋を抜くことができ（65～67ページ参照）、甘ガキにはない上品な甘みとなめらかな舌触りが楽しめます。

甘ガキと渋ガキは、タネの有無と渋の抜け方によって下記の４つにさらに分けることができます。なかでも、タネの有無に関係なく収穫前に渋が抜けて甘くなる完全甘ガキが人気で、近年では品種が多様化しています。

甘渋の分類

甘渋	特徴	果実の横断面	品種例
完全甘ガキ	タネの有無にかかわらず、常に果実全体が甘くなる甘ガキ。結実さえすれば渋が抜けて甘くなるが、寒冷地では渋が抜けにくいことも。	ゴマの発生は少ない M.Miwa	富有、次郎、輝太郎、早秋、太豊、麗玉、太秋など
不完全甘ガキ	タネが多いと果実全体の渋が抜けるが、少ないと渋い部分が残る甘ガキ。脱渋すると果肉に褐斑（ゴマ）ができる場合が多い。寒冷地では渋が抜けにくい。	タネが入って渋が抜けると全体にゴマが発生 M.Miwa	禅寺丸、筆柿、西村早生、菊平、甘百目など
不完全渋ガキ	タネができるとその周囲のごく限られた部位だけ褐斑（ゴマ）ができて渋が抜けるが、ほかの大部分は渋いままの渋ガキ。ゴマの部分が軟化しすぎることもあるので注意。	タネの周囲のみゴマが発生 M.Miwa	平核無、刀根早生、太天、富士など
完全渋ガキ	タネの有無にかかわらず、常に果実全体が渋くなる渋ガキ。収穫後にアルコールなどを使って渋を抜けばおいしく食べられる。	ゴマは発生しない M.Miwa	市田柿、横野、西条、愛宕など

おいしく育てたい

カキ品種図鑑
～主な品種の特性～

受 **受粉樹**：雄花が多く咲き受粉樹に向く
新 **新品種**：品種登録が2000年以降
注 **注　目**：注目の品種

完全甘ガキ

タネの有無にかかわらず、成熟すれば果実全体が甘くなる甘ガキ。育種が難しく少数派だったが、近年は品種が急速に増加中。寒冷地以外ではおすすめ。

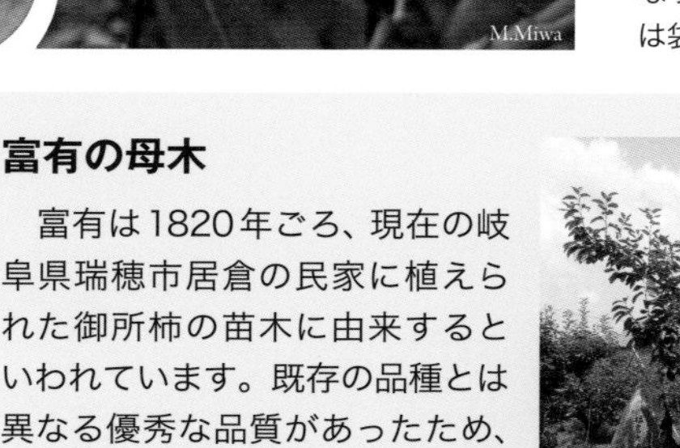

M.Miwa

M.Miwa

富有 ふゆう

収穫期：11月中旬～下旬　花：雌花のみ
果実重：280g程度

すべてのカキの栽培面積の約4分の1を占め（26ページ参照）、カキを象徴する品種で、果実の品質は折り紙付き。タネがなくてもある程度結実するが、受粉樹を植えて人工授粉したほうが実つきがよく大果になりやすい。収穫時期が遅いので、降霜する地域では袋かけをするとよい。

富有の母木

富有は1820年ごろ、現在の岐阜県瑞穂市居倉の民家に植えられた御所柿の苗木に由来するといわれています。既存の品種とは異なる優秀な品質があったため、つぎ木によって全国に広がり、最も栽培される品種となりました。

S.Miwa

原木は枯死したが、根元から芽吹いたとされる母木が「富有柿発祥の地」の碑とともに残っている。

M.Miwa

M.Miwa

次郎 じろう

収穫期：11月中旬　花：雌花のみ
果実重：280g程度

富有と並んで有名な甘ガキ。果実の側面に4本の溝があるのが特徴。果実は堅めでシャキシャキした食感。タネがなくても結実し、渋が抜けやすくて受粉樹が不要なので、昔から庭木として重宝されてきた。果頂裂果（88ページ参照）が発生しやすいので注意。

太豊 たいほう　新 注

収穫期：11月中旬～下旬　花：雌花のみ
果実重：340g程度

2015年品種登録の新品種。交配親の太秋に似てサクサクした食感が特徴。果実がかなり大きく、へたすき（88ページ参照）や果頂裂果の発生が少ない。雄花は咲かないが、タネがなくても実つきや渋抜けがよいため受粉樹は不要。収穫期や糖度は富有と同程度で、その後継品種として有望とされる。

M.Miwa

輝太郎 きたろう　新

収穫期：10月上旬～中旬　花：雌花のみ
果実重：320g程度

鳥取県が育成し、2010年に品種登録された早生で大果の有望品種。果実の中央に空洞と黒変が発生して見た目が悪いが、同県にゆかりのある『ゲゲゲの鬼太郎』の目玉のおやじに似ているとプラスのアピールも。もともとは育成した鳥取県でしか栽培できなかったが、現在は全国で栽培可能になった。

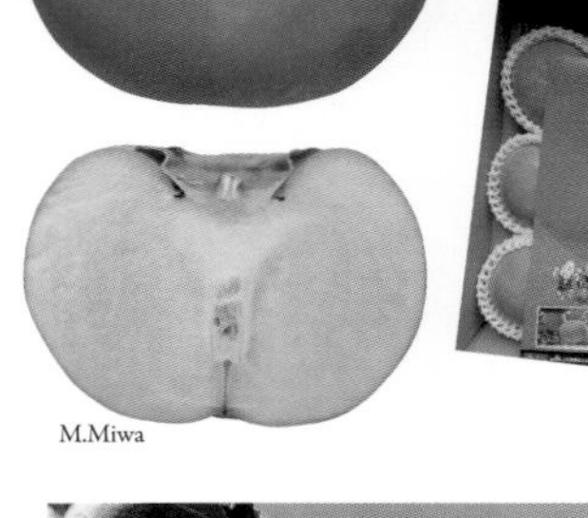

M.Miwa

M.Miwa

早秋 そうしゅう　新 注

収穫期：10月上旬～中旬　花：雌花のみ
果実重：250g程度

収穫期が特に早く、果皮の橙色が濃いのが特徴。早生品種のなかでは食味がよく、日もちに優れて有望。落果がやや多いので受粉樹を植えて人工授粉するとよい。炭そ病（84ページ参照）に少しかかりやすいので防除を徹底する必要がある。

M.Miwa

M.Miwa

夕紅 ゆうべに　新

収穫期：11月中旬　花：雌花のみ
果実重：270g程度

交配親の富有よりも果汁が多く、甘みがやや強い。単為結果性（24ページ参照）が強く、タネがなくても結実し、渋も抜けやすいので受粉樹は不要。雌花の数がやや少なくて、摘蕾や摘果の手間が省けるが、8～9月に土が乾燥すると後期生理落果（58ページ参照）が多くなってさらに収穫量が減るので注意。

M.Miwa

M.Miwa

M.Miwa

麗玉 れいぎょく
新 注

収穫期：10月下旬～11月上旬　花：雌花と雄花
果実重：280g程度

2016年に登録された新品種。果汁が多くて果肉は柔らかい。実つきがよく受粉樹は不要で、へたすきや果頂裂果は発生しにくい。富有と比べてサイズは同程度だが、つくりやすく食味が優れるので有望視されている。雄花はごくわずかしかつかないため、ほかの品種の受粉樹として利用するには心細い。

M.Miwa

M.Miwa

太秋 たいしゅう
受 注

収穫期：11月上旬～中旬　花：雌花と雄花
果実重：320g程度

大果でサクサクとした食感をもち、食味はトップクラス。果皮に条紋（左下写真、88ページ参照）が発生しやすいが、食味に悪影響はなく完熟果の証しなので、家庭では特に気にしなくてもよい。完全甘ガキで人工授粉用の雄花が確保できる数少ない品種。両性花もわずかに咲く。剪定で枝先を一切切り詰めず、短い枝がふえると雄花ばかりになるので注意。

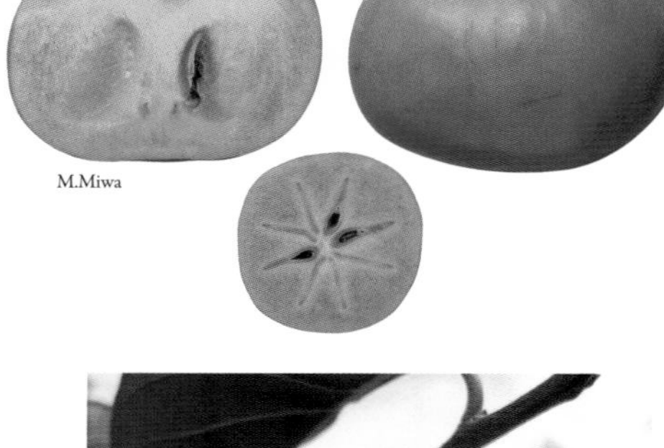

M.Miwa

貴秋 きしゅう
新

収穫期：10月下旬～11月上旬　花：雌花と雄花
果実重：330g程度

甘みは中程度だが、大果で果肉がしっかりしていて食感がよい。単為結果性が弱く実つきがやや悪い。雄花はごくわずかしか咲かないので、自身の雌花やほかの品種を人工授粉するのは難しく、受粉樹として雄花が多く咲く品種を近くに植えるのが望ましい。

M.Miwa

M.Miwa

甘秋 かんしゅう
新

収穫期：10月中旬～下旬　花：雌花と雄花
果実重：250g程度

名前のとおり、果実の甘さをセールスポイントにしている品種。完熟の状態で収穫して初めて本来の甘みを楽しめる。やや果実が小さいが、落果は少なく受粉樹がなくても結実は安定している。太秋と同じく、短い枝の割合が高くなると雄花が多くなる傾向にあるので注意。

丹麗 たんれい
紅葉も楽しめる観賞用の品種。雄花が咲く。収穫期11月中旬。果実重260g程度。

錦繍 きんしゅう
丹麗と同じく観賞用品種で雄花が咲く。収穫期11月中旬。果実重250g程度。

Column

育種に大活躍の御所柿

御所は江戸時代に奈良県で生まれた最古の完全甘ガキとされ、小ぶりながら甘くて雄花も咲くので重宝されてきた品種です。ほかにも御所という名前が入った血縁の品種は、まとめて御所柿と呼ばれ、今でも少量出荷されるほか、ほとんどの新品種の交配親やその祖先として利用されています。つまり、御所柿がなければ、本書で紹介しているほとんどの優良品種は誕生しなかったでしょう。

御所 ごしょ
収穫期は12月上旬。正岡子規の俳句、「柿くへば鐘が鳴るなり法隆寺」の題材ともいわれる。

晩御所 おくごしょ
岐阜県発祥。この品種の子孫（後代）に早秋、太秋、新秋、貴秋、太天など多数。

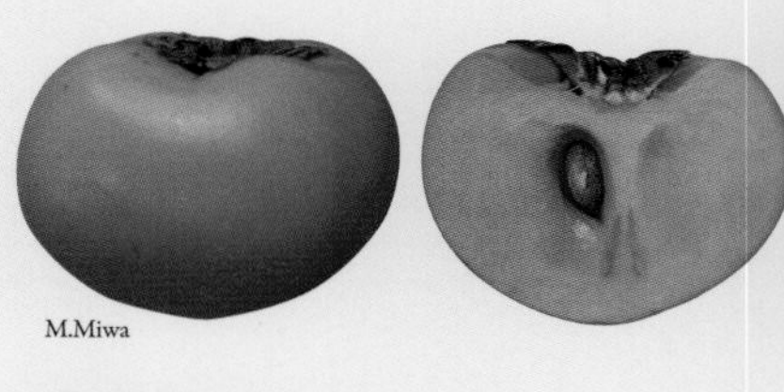

花御所 はなごしょ
鳥取県発祥で現在も特産物。後代に太秋、太豊、太天など多数。果実は富有と同じサイズ。

袋御所 ふくろごしょ
岐阜県発祥。裂御所とも呼ばれ裂果しやすい。後代に新秋など。

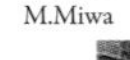

M.Miwa

基肄城 きいじょう

収穫期：11月中旬～下旬　花：雌花のみ
果実重：340g程度

富有の枝変わり（突然変異の品種）である松本早生富有という品種の、さらに枝変わりとされる。名前の由来は育成地の佐賀県にある山城。富有と比べて果実のサイズが大きく、800gの極大果がなると宣伝されることもあるが、実際にそれほどの極大果がなることは多くはない。

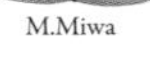

M.Miwa

陽豊 ようほう

収穫期：11月上旬　花：雌花のみ
果実重：280g程度

富有に次郎（まれに咲く雄花）を交配して生まれた品種。タネがなくても結実・脱渋するので受粉樹は不要。開花数が多く、着果が安定してつくりやすい。果実が柔らかくなると果汁が増し、とろけるような食感。果皮の橙色が濃く、味はどちらかというと次郎に似る。

新秋 しんしゅう

収穫期：10月下旬　花：雌花のみ
果実重：250g

完熟すると糖度が高く、果汁が豊富で食味がよくなる品種。収穫期が早く、落果が少ない。果実がデリケートで傷つきやすいので、生産農家ではハウスで栽培されることが多く、家庭で育てるのは難しい。寒冷地では渋が抜けにくく、温暖地に向く。

伊豆 いず

収穫期：10月中旬～下旬　花：雌花のみ
果実重：220g

ジューシーで食味がよい品種。単為結果性が弱く（タネがないと落果しやすい）、受粉樹が必要。果実が小さく、サイズは不均一だが、甘みが強くて果肉は柔らかい。かつては富有、次郎と並び定番の品種だったが、新品種と比べるとサイズが小さく育てにくいので、最近では栽培例が減少している。

Column

特殊なカキ

珍しい性質をもつカキの仲間を紹介します。主に生食用ではなく観賞用ですが、育てて観察すると普通のカキの品種にはない、おもしろい発見があるはずです。

夫婦柿 めおとがき

1本の果梗に2個の果実がペアでつく完全渋ガキ。生食には不向き。両性花がわずかに咲く。

黒柿 くろがき

成熟すると果皮の一部が黒く色づく。不完全甘ガキだが渋抜けが悪く、生食には不向き。

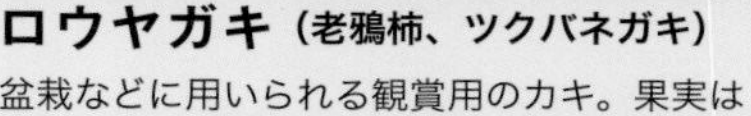

ロウヤガキ（老鴉柿、ツクバネガキ）

盆栽などに用いられる観賞用のカキ。果実は3cm程度。品種・系統が多彩で熱心な愛好家が展示会を開催することも。

マメガキ（信濃柿、君遷子、棗柿）

2cm程度の果実がたくさんつく。つぎ木の際に台木として利用されるほか、果実は柿渋の原料、葉は柿茶として利用される。

トキワガキ

常緑樹で目隠し用の垣根などに利用される。果実は3cm程度と小さく生食に向かない。

アメリカガキ

完全渋ガキ。アメリカでは生食用ではなく幹の材をゴルフクラブのヘッドに利用することも。

不完全甘ガキ

タネが多いと果実全体の渋が抜けるが、少ないと渋い部分が残る甘ガキ。脱渋すると褐斑（ゴマ）ができる場合が多い。雄花が咲く受粉樹向けの品種が豊富。

M.Miwa

禅寺丸 ぜんじまる

受 注

収穫期：10月下旬　花：雌花と雄花
果実重：220g程度

雄花（左下写真）が非常に多く、受粉樹としての利用が定番。雄花の開花期が早すぎず、遅すぎず中程度なので、比較的どの品種とも相性がよく、受粉樹になりやすい。果実については、小果で品質にばらつきがあり、食味は中程度。園芸店などでも苗木が比較的入手しやすいので、受粉樹が必要な場合は候補にするとよい。

Column

禅寺丸の原木

1214年に現在の神奈川県川崎市の王禅寺の山中で、画期的なカキの木が発見されました。その当時、カキといえばすべてが渋ガキで、干しガキなどで脱渋しないと食べられませんでしたが、このカキは木で熟すだけで甘くなる初の甘ガキだったため、禅寺丸という名前で全国に普及しました。

雄花が咲くため、育種親として利用でき、その子孫（後代）の多くにも甘ガキの性質が受け継がれ、現在の主要品種の祖となっています。

現在は生食用の果実の生産は少なくなったものの、代表的な受粉樹として、そして主要品種の育種親として、今でも抜群の存在感があります。

王禅寺の境内では、山中から移植された原木が今でも参拝者に秋の到来を伝えています。

M.Miwa

王禅寺の境内にたたずむ晩秋の禅寺丸。樹齢約800年とされる原木（右側の大木）。

筆柿 ふでがき 受

収穫期：10月上旬　花：雌花と雄花
果実重：170g程度

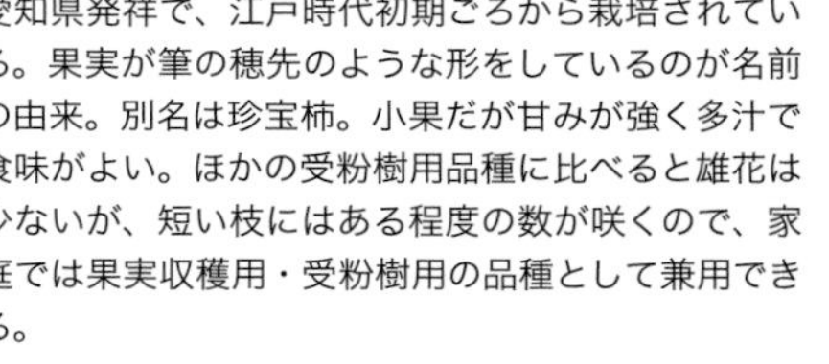

愛知県発祥で、江戸時代初期ごろから栽培されている。果実が筆の穂先のような形をしているのが名前の由来。別名は珍宝柿。小果だが甘みが強く多汁で食味がよい。ほかの受粉樹用品種に比べると雄花は少ないが、短い枝にはある程度の数が咲くので、家庭では果実収穫用・受粉樹用の品種として兼用できる。

M.Miwa

赤柿 あかがき 受

収穫期10月上旬。果実が小さいので主に受粉樹専用。花が小さく花粉もやや少ないが、開花期が早い西村早生などの受粉樹に向く。

正月 しょうがつ 受

別名小春。収穫期11月下旬。雄花の数や花粉量が多く、開花時期は中程度で多くの品種と相性がよい。雌花と雄花に加え、両性花も咲く。

M.Miwa

サエフジ 受

収穫期10月中旬。果実のサイズは中程度で品質がよく、果実の収穫も期待大。雄花の開花がやや遅く、富有などの雌花の開花時期と合いやすい。

絵御所 えごしょ

収穫期10月中旬。完熟時に果皮に絵を描いたような模様の条紋（上写真）が発生するのが名前の由来。雄花は比較的多い。

西村早生 にしむらわせ　受

収穫期：10月上旬　花：雌花と雄花
果実重：170g程度

果肉はやや堅めでさっぱりとした甘みが人気。果肉にびっしりとゴマが入るのが特徴。単為結果性（24ページ参照）がある程度強くて実つきはよいが、タネが少ないと渋が抜けにくいので人工授粉が必要。雄花はそれほど多くはなく、カキ農家では受粉樹としての利用は少ないが、家庭では受粉樹としての利用も可能。

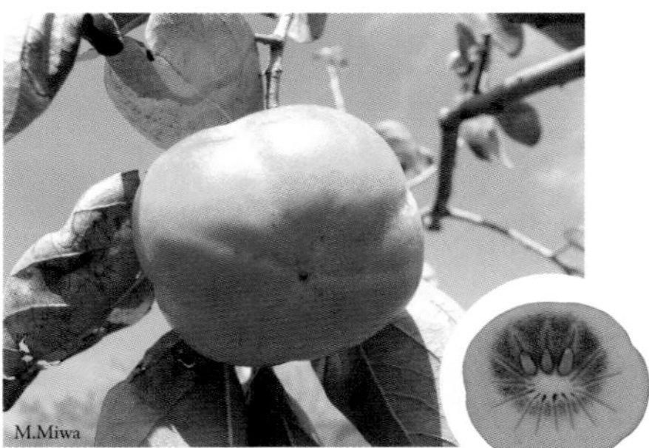
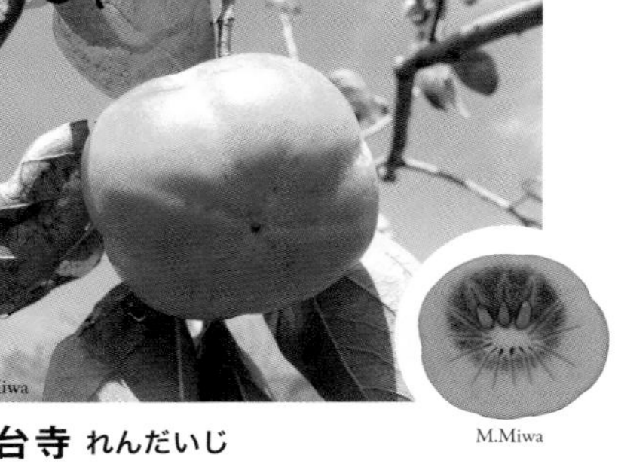

蓮台寺 れんだいじ

収穫期11月上旬。三重県伊勢市の特産。樹上で渋が抜けにくく不完全渋ガキに近いので、産地では脱渋している場合も。雄花がわずかに咲く。

豊岡 とよおか

収穫期10月上旬。京都府発祥で、今でも木津川市当尾の特産。果実の形は長細いものと丸形のものが混在する。雄花は比較的多い。

伽羅 きゃら

収穫期10月中旬。佐賀県発祥で、九州に多い。元山という別名でも流通している。タネが入るとゴマの入る密度が高い。雄花がわずかに咲く。

久保 くぼ

収穫期10月上旬。京都府丹波地方で古くから栽培されている。実つきがよいが、タネが入らないと渋が特に抜けにくい。雄花がわずかに咲く。

菊平 きくひら

収穫期：10月上旬　花：雌花のみ
果実重：170g程度

へたの周辺に菊の文様のようなくぼみ（座）があるのが特徴。兵庫県発祥で別名は台柿。江戸時代の儒学者でグルメとしても有名な頼山陽が、伊丹市で食して絶賛したという逸話も残っており、山陽柿とも呼ばれる。渋が抜けにくく、不完全渋ガキとして分類されることもある。

甘百目 あまひゃくめ

収穫期11月上旬。タネが少ないと渋抜けが悪いので、受粉樹を植えて人工授粉するとよい。完熟すると条紋（88ページ参照）が発生しやすい。

三国一 さんごくいち

収穫期10月中旬。新潟県発祥。小果だが甘みは強く、収穫量が多い。果肉が堅めで肉質が粗く、独特の食感をもつ。

四谷 よたん

収穫期10月下旬。富山県発祥。果実の側面にある4本の溝が特に深く、四葉のクローバーのような特徴的な形。

八島 やしま

収穫期11月上旬。岐阜県や愛知県に古くから伝わる品種。豊産性で外観が美しい。

不完全渋ガキ

タネができるとその周囲のごく限られた部位だけ褐斑（ゴマ）ができて渋が抜けるが、ほかの大部分は渋いままの渋ガキ。平核無などが有名。

M.Miwa

平核無 ひらたねなし

収穫期：10月下旬～11月上旬　花：雌花のみ
果実重：200g程度

渋ガキのなかで最も生産されている品種。主にアルコール脱渋（66ページ参照）に向く。タネなしで実つきがよく、受粉樹不要で育てやすい。苗木が入手可能なら、枝変わり品種（突然変異）の刀根早生や大核無のほうがおすすめ。新潟県発祥で、おけさ柿、八珍柿、庄内柿など多くの別名をもつ。

刀根早生 とねわせ

注

収穫期が10月上旬と平核無より約2週間早く、果皮の橙色も濃い。古い品種だが今でも人気。

M.Miwa

大核無　平核無

大核無 おおたねなし

果実重300g程度と平核無より大きい。大果のため、枝折れや後期生理落果がやや多いので注意。

Column

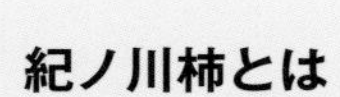

紀ノ川柿とは

紀ノ川柿という果肉に漆黒のゴマが入ったユニークなカキがあります。これは品種名ではなく、木についたままの平核無の果実に固形アルコールの入った袋をかぶせて脱渋したブランド名で、和歌山県紀ノ川周辺の特産物です。

M.Miwa

通常、平核無の果実を収穫後に脱渋してもゴマは入らないが、樹上で脱渋するとなぜか大量に入る。詳細は不明。

太天 たいてん

新 注

収穫期：11月中旬〜下旬　花：雌花と雄花
果実重：400g程度

2009年に登録された新品種で、果実のサイズは甘渋合わせても最大級。単為結果性は低いがタネができやすく、受粉樹を植えて人工授粉すれば実つきがよく、育てやすい。甘みが強く食感はサクサクしてジューシー。市場用の場合は炭酸ガス脱渋（66ページ参照）をして出荷されることが多いが、家庭ではアルコール脱渋でもよい。雄花がわずかに咲く。

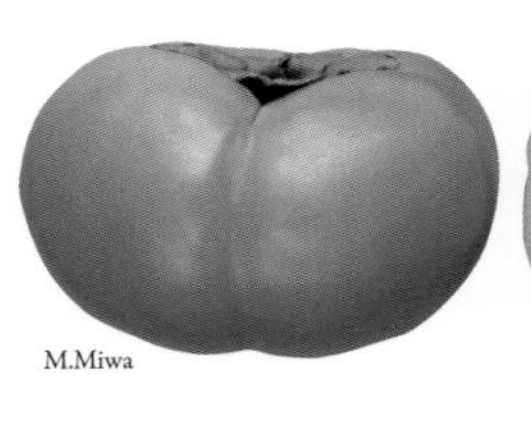

M.Miwa

M.Miwa

富士 ふじ（甲州百目、江戸柿、蜂屋）

収穫期11月上旬。350g程度と大果で、干しガキ用として最も広く栽培される品種。どんな脱渋法にも向くが、後期生理落果が多いので注意。

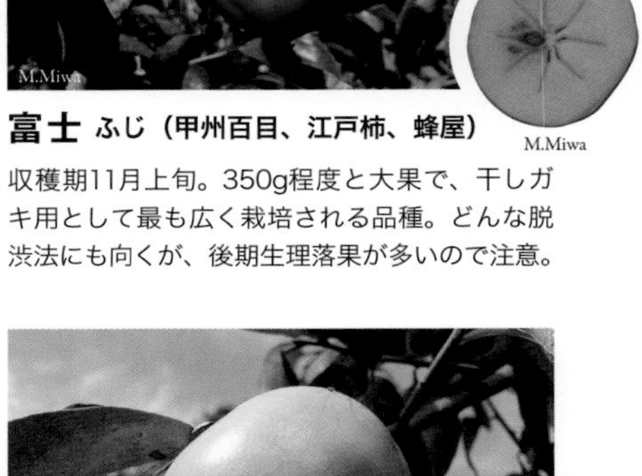

M.Miwa

会津身不知 あいづみしらず

収穫期は11月上旬で福島県発祥。受粉樹が不要で実つきがよく、タネは少なく食べやすい。日もちしやすく、主にアルコール脱渋に向く。

M.Miwa

衣紋 えもん

千葉県発祥で収穫期は10月下旬。渋ガキで雄花が咲く珍しい品種だが、落果が多く、日もちがやや悪いのが難点。アルコール脱渋に向く。

M.Miwa

紋平 もんぺい

収穫期は11月中旬。石川県発祥で、現在も多く生産されている。果肉が柔らかく、日もちが悪いので炭酸ガス脱渋がおすすめ。

完全渋ガキ

タネの有無にかかわらず、常に果実全体が渋くなる渋ガキ。市田柿や横野、西条などが有名。中国で誕生したカキの祖先は完全渋ガキと推測されている。

市田柿 いちだがき

収穫期：10月下旬　花：雌花のみ
果実重：110g程度

渋ガキのなかでは収穫期が早く、実つきがよく育てやすい定番品種。果実が小さいものの、干しガキにすると乾燥しやすく糖度も高いので、品質のよいころ柿（67ページ参照）になりやすい。アルコール脱渋にも向く。

横野 よこの

山口県発祥。収穫期が12月上旬の晩生品種で温暖地向き。とろけるような上品な食感が人気。

三社 さんじゃ

収穫期11月上旬。干しガキ専用品種。この品種を使ってつくった「富山干柿」は富山県の特産物。

三郎座 さぶろうざ

収穫期11月上旬。福井県発祥で産地では塩水で脱渋することも。雄花が咲いて実つきがよい。

四ツ溝 よつみぞ

収穫期11月上旬。静岡県発祥。受粉樹不要で渋が非常に抜けやすく、どんな脱渋方法にも向く。

西条 さいじょう 注

収穫期：11月上旬～中旬　花：雌花のみ
果実重：150g

広島県発祥。果実の側面に４本の溝が入るのが特徴。各地にさまざまな系統があり、性質も多様化している。どの系統も実つきがよくタネなしでも結実するが、なるべく受粉樹があったほうがよい。市田柿と並んで干しガキの利用が盛んな一方で、渋は非常に抜けやすく、どんな脱渋方法にも向く。

M.Miwa

M.Miwa

M.Miwa

堂上蜂屋 どうじょうはちや

収穫期11月上旬。 岐阜県発祥の干しガキ専用品種。落果が多いので注意。本品種を朝廷や将軍家へ献上していたことが名前の由来とされる。

M.Miwa

祇園坊 ぎおんぼう

収穫期11月上旬。広島県発祥で果実は300g程度と渋ガキのなかでは大きい。干しガキにすると良質なあんぽ柿に。熟柿としての利用も盛ん。

M.Miwa

M.Miwa

愛宕 あたご

収穫期12月上旬で愛媛県発祥。実つきが非常によく、受粉樹不要。果実は250g程度とやや大きく、収量が非常に多い。炭そ病に弱いので注意。

M.Miwa

鶴の子 つるのこ

収穫期11月上旬。京都発祥の干しガキ専用品種。昔は未熟果を柿渋の原料として利用。雄花が咲く。埼玉県発祥の鶴の子は甘ガキの別品種。

受 受粉樹：雄花が多く咲き受粉樹に向く　新 新品種：品種登録が2000年以降　注 注目：注目の品種

品種選びのポイント

1　寒冷地では甘ガキではなく渋ガキを

甘ガキの果実は未熟な状態だと渋みがありますが、成熟に伴い渋が抜けて甘みを感じられるようになります。

しかし、夏から秋にかけて気温が低い地域で甘ガキを栽培すると、果実の中の酵素がうまく働かず、9ページの完全甘ガキ、不完全甘ガキ問わず、渋みが抜けないまま収穫を迎えることがあります。そのため、北海道や東北地方などの寒冷地では、甘ガキではなく渋ガキの品種を栽培するとよいでしょう。

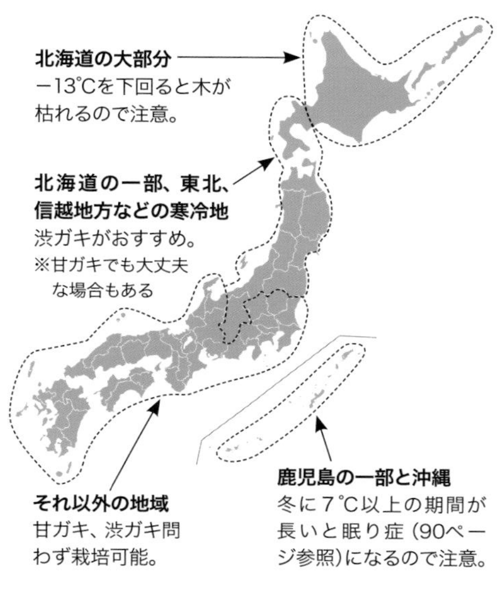

2　単為結果性の弱い品種は受粉樹が必要

タネがなくても結実する性質を単為結果性といいます。単為結果性が強い〜普通の品種は、実つきだけを考えると受粉樹や人工授粉が不要です（25ページの渋抜けについては別途考慮する）。また、人工授粉しないと平核無のようにタネがない果実を収穫できます。

一方、単為結果性が弱い品種は、タネが入らないと落果するので、受粉樹があったほうが望ましく、人工授粉もなるべく行ったほうがよいでしょう。

単為結果性の強弱

単為結果性が強い品種（実つきだけ考えると※1受粉樹や人工授粉不要）
平核無、刀根早生、太豊、麗玉、甘秋、陽豊、夕紅、四ツ溝、市田柿、愛宕、田倉、会津身不知、四ツ溝など
単為結果性が普通の品種（実つきだけ考えると※1受粉樹や人工授粉不要）
次郎、新秋、紋平、衣紋、西条、横野、晩御所、花御所など
単為結果性が弱い品種（受粉樹があったほうが望ましく、人工授粉もなるべく行いたい）
富有、太秋、早秋、貴秋、太天、御所、伊豆、袋御所、甘百目、富士、三社など

※ 梶浦（1941）や農業技術体系カキ（1981）をもとに作成
※1 不完全甘ガキは渋の抜けやすさも考慮（25ページ）

3 不完全甘ガキは受粉樹がないと渋が抜けにくい

甘ガキは渋の抜け方によって、完全甘ガキと不完全甘ガキに大別できます(9ページ参照)。このうち、完全甘ガキはタネの有無に関係なく渋が抜けるので問題ないですが、不完全甘ガキは、受粉して果実にタネが入らないと、うまく渋が抜けず甘くなりません。そのため、不完全甘ガキの甘い果実を収穫するには、受粉樹が必要です。なお、不完全甘ガキであっても、雄花が咲く品種は受粉樹を新たに用意する必要はありませんが、人工授粉は行うとよいでしょう。

4 受粉樹には雄花が咲く品種を

2〜3のように、単為結果性が弱い品種や不完全甘ガキは受粉樹として2本目の木が必要です。また、大果を収穫したい場合も受粉樹が必要です。

カキは雌花と雄花の区別があるので(47ページ参照)、2本目に選ぶ受粉樹はどんな品種でもよいというわけではありません。通常の雌花に加え、雄花が多く咲く品種を受粉樹にします。10〜23ページで受粉樹マークのある品種は、雄花が咲きやすくおすすめです。

一方、受粉樹マークがない品種でも、雄花が咲くと表記してある品種は、少なくとも雄花が咲くので、受粉樹として役立つ可能性があります。家庭で栽培する場合には、こうした雄花が少ない品種を受粉樹としても人工授粉さえすれば、実つきや不完全甘ガキの樹上での渋抜けの改善が期待できます。

なお、カキにはリンゴのような自分の花粉で受精できない性質(自家不和合性)はないので、禅寺丸のように雌花と雄花が両方咲く品種は受粉樹が不要です。また、渋ガキを人工授粉するために甘ガキの雄花が使え、その反対も同様に使えます。

Column

苗木選びのポイント

苗木を購入する時期

植えつけ適期の11〜3月が購入する適期で、4〜10月に購入した場合は10月まで購入した鉢で育て、11〜3月まで植えつけを待ちましょう。

鉢植え栽培用には、左の株のようになるべく下から枝分かれしたものを選ぶとよい。

M.Miwa

苗木の種類

苗木には棒苗と大苗があります(下写真)。一般的に庭植えにはどんな仕立てにも対応しやすい棒苗、鉢植えには初収穫が早い大苗の利用が向いています。

左：棒苗
右：大苗

M.Miwa M.Miwa

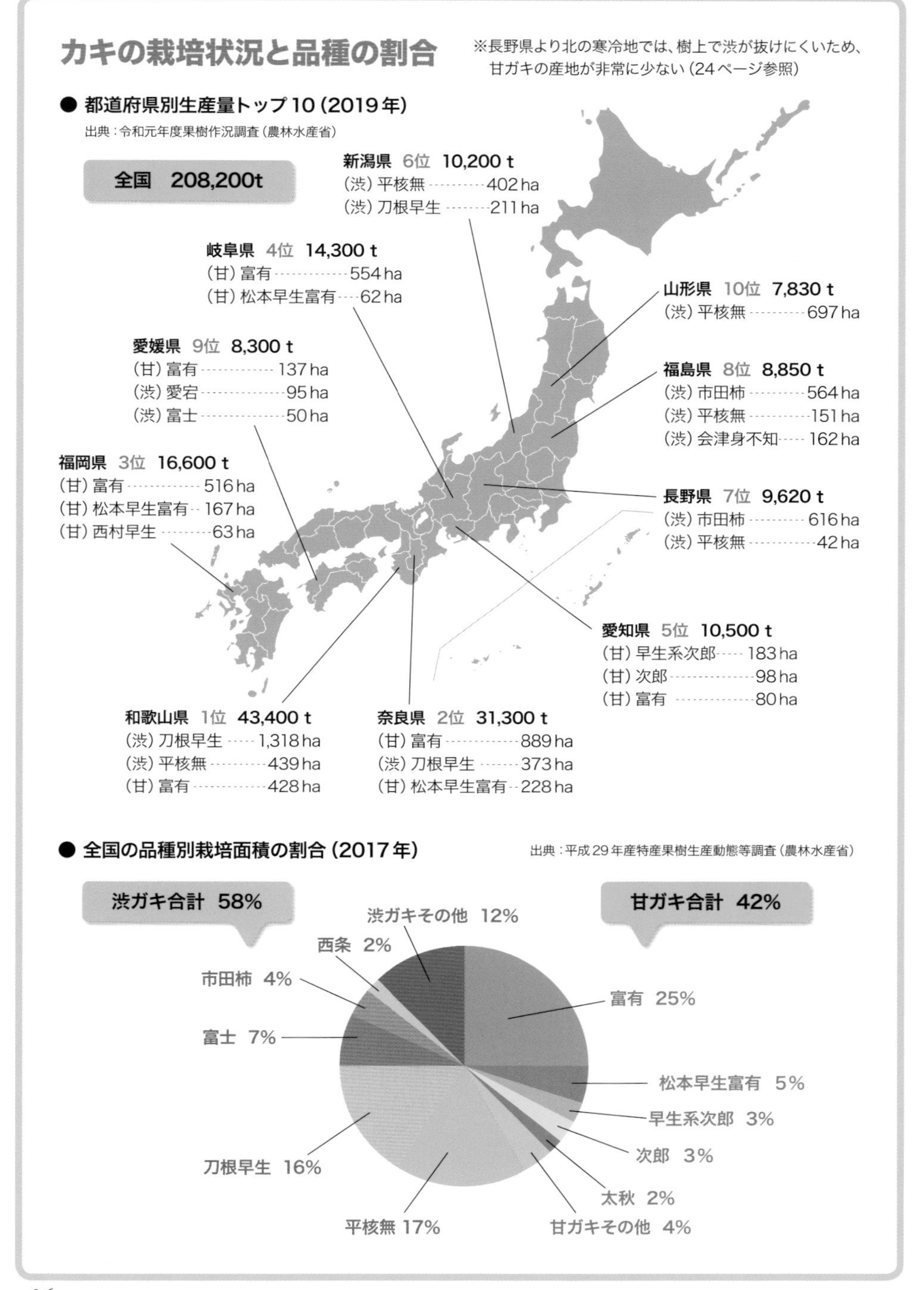
カキの栽培状況と品種の割合
※長野県より北の寒冷地では、樹上で渋が抜けにくいため、
甘ガキの産地が非常に少ない（24ページ参照）
● 都道府県別生産量トップ10（2019年）
出典：令和元年度果樹作況調査（農林水産省）
全国　208,200t
新潟県　6位　10,200 t
（渋）平核無 402 ha
（渋）刀根早生 211 ha
岐阜県　4位　14,300 t
（甘）富有 554 ha
（甘）松本早生富有 62 ha
山形県　10位　7,830 t
（渋）平核無 697 ha
愛媛県　9位　8,300 t
（甘）富有 137 ha
（渋）愛宕 95 ha
（渋）富士 50 ha
福島県　8位　8,850 t
（渋）市田柿 564 ha
（渋）平核無 151 ha
（渋）会津身不知 162 ha
福岡県　3位　16,600 t
（甘）富有 516 ha
（甘）松本早生富有 167 ha
（甘）西村早生 63 ha
長野県　7位　9,620 t
（渋）市田柿 616 ha
（渋）平核無 42 ha
愛知県　5位　10,500 t
（甘）早生系次郎 183 ha
（甘）次郎 98 ha
（甘）富有 80 ha
和歌山県　1位　43,400 t
（渋）刀根早生 1,318 ha
（渋）平核無 439 ha
（甘）富有 428 ha
奈良県　2位　31,300 t
（甘）富有 889 ha
（渋）刀根早生 373 ha
（甘）松本早生富有 228 ha
● 全国の品種別栽培面積の割合（2017年）
出典：平成29年産特産果樹生産動態等調査（農林水産省）
渋ガキ合計　58%
甘ガキ合計　42%
渋ガキその他　12%
西条　2%
市田柿　4%
富士　7%
刀根早生　16%
平核無 17%
富有　25%
松本早生富有　5%
早生系次郎　3%
次郎　3%
太秋　2%
甘ガキその他　4%

12か月
栽培ナビ

主な管理と作業を月ごとにまとめました。
時期に応じた適切な管理と
ていねいな作業を心がけましょう。

Kaki

M.Miwa

カキの年間の作業・管理暦

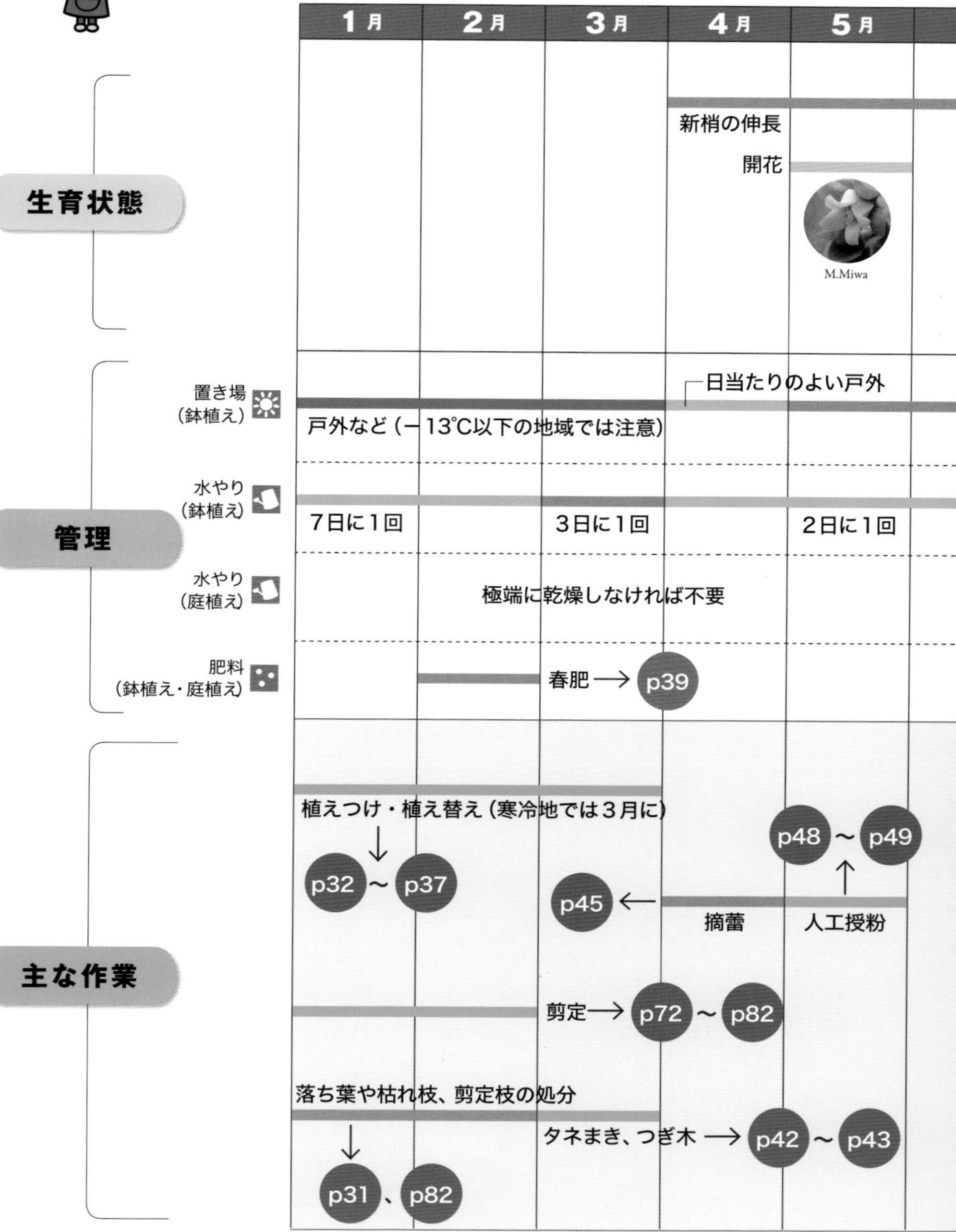

関東地方以西基準

6月	7月	8月	9月	10月	11月	12月
	新梢の伸長					 M.Miwa
	果実肥大			着色・成熟		
前期生理落果			後期生理落果			
花芽分化開始（翌シーズンに開花する花芽）						
日当たりのよい戸外の軒下		日当たりのよい戸外		日当たりのよい戸外の軒下		
		毎日		2日に1回	3日に1回	5日に1回
	降雨が10日間程度なければたっぷり			極端に乾燥しなければ不要		
	夏肥 → p51				秋肥 → p63	
					植えつけ・植え替え	
	摘果・袋かけ → p55～p57		鳥獣害対策 → p61	収穫・脱渋 → p64～p67		
新梢の間引き → p52						剪定 → p72～p82
捻枝・環状はく皮 → p53						粗皮削り・防寒対策 → p71

January

1月

今月の管理

- 戸外など
- 鉢植えは乾いたらたっぷり。庭植えは不要
- 鉢植え・庭植えともに不要
- 越冬害虫を駆除する

基本　基本の作業
トライ　中級・上級者向けの作業
無農薬　無農薬・減農薬栽培のコツ

1月のカキ

寒くて乾燥する今月は、木が深い休眠状態にあります。根はほとんど養分や水分を吸収しておらず、枝の中での樹液の移動もほとんどないので、剪定に適した時期といえます。植えつけや植え替えも適期ですが、寒冷地では寒さによる植え傷みを防ぐために3月以降に行いましょう。越冬害虫の駆除のため、落ち葉や枯れ枝を処分する適期でもあります。寒くて外に出るのがつらい時期ですが、必要な作業は必ず適期の期間内に行いましょう。

1月の風景　落葉した木の全景
30年程度育てた庭植えの木。写真のように晴天で寒風が吹く状況は絶好の剪定日和といえる。

管理

鉢植えの場合

置き場：戸外など

寒冷地（−13℃以下）では、防寒対策（71ページ参照）を行うが、眠り症（90ページ参照）には注意。

水やり：鉢土の表面が乾いたら

7日に1回を目安に、鉢底から水が流れ出るまでたっぷり与えます。

肥料：不要

庭植えの場合

水やり：不要

肥料：不要

病害虫の防除

越冬害虫を駆除する

カイガラムシ類やハダニ類などの害虫が多発する場合は、キング95マシンなどのマシン油乳剤（70ページ参照）の散布が効果的です。ただし、散布が萌芽直前になると、発生する新梢（枝と葉）が傷む場合があるので（薬害）、なるべく12月から今月末までに散布しましょう。

今月の主な作業

基本 植えつけ
基本 植え替え
基本 剪定
基本 落ち葉や枯れ枝、剪定枝の処分

害虫　カイガラムシ類　注意度2

ツノロウムシなどのカイガラムシ類（下写真）は、移動を停止して発見しやすい冬が最も効果的に防除できます。発生が少量の場合は、歯ブラシなどでこすり取ります。粗皮削り（71ページ参照）も効果的です。取りきれないほど発生する場合は、12～1月にキング95マシンなど（マシン油乳剤：70ページ参照）の散布を検討しましょう。

ツノロウムシ（上写真）のふ化したばかりの幼虫は移動するが、8mm程度のドーム状の殻を形成すると定着して動かない。フジコナカイガラムシ（下写真）は、移動でき、へたに集まって吸汁することが多い。

主な作業

基本 植えつけ、植え替え

休眠期が適期。寒冷地では3月以降

32～37ページを参照。

基本 剪定

毎年必ず剪定する 無農薬

落葉して枝が休眠状態にある今月は剪定の適期です。72～82ページを参考に剪定しましょう。

基本 落ち葉や枯れ枝、剪定枝の処分 無農薬

病害虫の予防のために処分する

病原菌や害虫は、落ち葉やその下で越冬することがあるので、すべて落葉してから拾い集めて処分しましょう。

枯れ枝や剪定枝（82ページ参照）も炭そ病などの病原菌が潜んでいる可能性が高いので、取り除いて処分します。

落ち葉は病原菌や害虫の越冬場所になるので、拾い集めて処分すると無農薬・減農薬で栽培しやすくなる。

注意度3：予防を心がけ、発生したら薬剤散布も視野に入れて対処する
注意度2：なるべく対処する　注意度1：特に気にしなくてもよい

鉢への植えつけ・植え替え

適期＝11〜3月

植えつけや植え替えで特に重要なものは以下の３つです。

鉢

素焼き鉢など素材が多彩ですが、カキには安価で軽いプラスチック鉢がおすすめです。家庭では鉢の直径と高さが同サイズの普通鉢で、８〜15号（直径24〜45cm）程度の鉢がよいでしょう。

用土

庭土や畑土よりも市販の培養土が向いており、「果樹・花木用の土」がベストです。入手できなければ、「野菜用の土」と「鹿沼土（小粒）」を７：３の割合で混ぜるとカキに適した配合になります。

鉢底石

鉢の底には必ず鉢底石を3cm程度敷きましょう。水はけがよくなるほか、鉢の底から用土が抜け落ちるのを防ぐ効果もあります。

Column

カキは鉢植えに向いている？

カキの根は太くて深く伸びる直根性ですが、植え替え（33〜35ページ参照）さえしていれば鉢植えでも生育には問題ありません。むしろ、コンパクトに育ち、実つきがよく、初結実までの年数が短いので、家庭で育てる場合は、庭植えよりも鉢植えのほうがお手軽です。

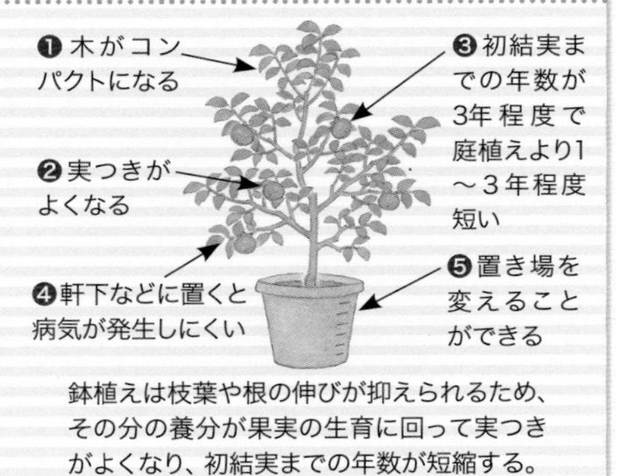

鉢植えは枝葉や根の伸びが抑えられるため、その分の養分が果実の生育に回って実つきがよくなり、初結実までの年数が短縮する。

鉢への植えつけ

鉢への植えつけとは、苗木を購入してから初めてポットや鉢から株を抜いて、一～二回り（直径6～9cm程度）大きな鉢に植え替える作業です。方法は34～35ページを参考に行います。

Column

植え替えのサイン

下記の２つのいずれかに当てはまれば11～3月まで待ち、右のAかBのどちらかの方法で植え替えます。

1．水がしみ込みにくい
水やりをしても水が1分以上しみ込まない場合は、根詰まりしている可能性が高い。

2．鉢底から根が出ている
根詰まりしているため、水や酸素を求めて根が鉢外に飛び出ている可能性が高い。

植え替え

植えつけてから数年たつと鉢が古い根で満たされ、新根が伸びにくくなって養分や水分をうまく吸えず、株全体が弱ります。左の植え替えのサインが見られたら、植え替えましょう。1～3年に1回が目安です。鉢の大きさによって下記のAとBに分かれます。

A. 一～二回り大きな鉢に植え替える

木を大きくして収穫量をふやしたい場合は、一～二回り大きな鉢に植え替えます（34ページ参照）。

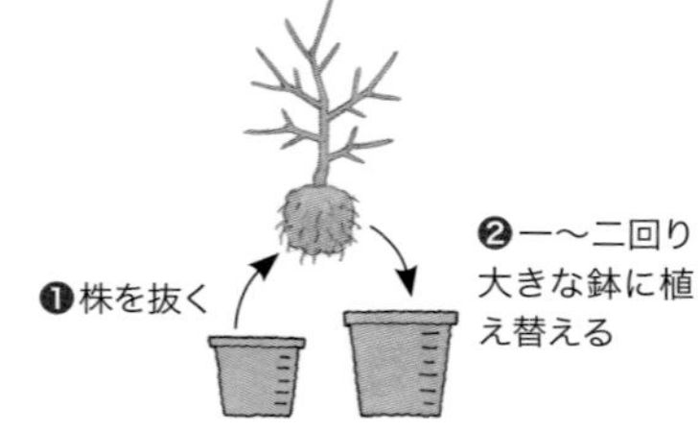

B. 鉢を大きくしないで植え替える

何度も一～二回り大きな鉢に植え替えていると、徐々に手に負えないサイズになり、植え替えを断念しがちです。しかし、鉢を大きくしたくない場合でも、根を切り詰めてから同じサイズの鉢に植え替えます（35ページ参照）。

❶株を抜く
❷根を切り詰める
❸同じ鉢に再び植え替える

A. 一～二回り大きな鉢に植えつけ・植え替える手順　適期＝11～3月

根鉢をほぐし軽く切り詰める

鉢やポットから株を抜き、根鉢を軽くほぐす。太い根があるようなら、軽く切り詰めると根の発生が促され、その後の生育がよくなる。

鉢に鉢底石を入れる

これまで入っていた鉢やポットより一～二回り（直径6～9cm）程度大きな鉢を用意し、鉢の底に鉢底石を3cm程度の深さで敷き詰める。

用土を少し入れ、高さを調整する

鉢底石の上に32ページで紹介した用土を少し入れる。株を一時的に用土の上に置きながら、入れる用土の量の多少によって植える高さを調整する。

根鉢を用土で埋める

用土を入れて根を埋める。この際、水がたまる深さ（ウォータースペース）を3cm程度は確保しないと、水やりで水があふれやすい。

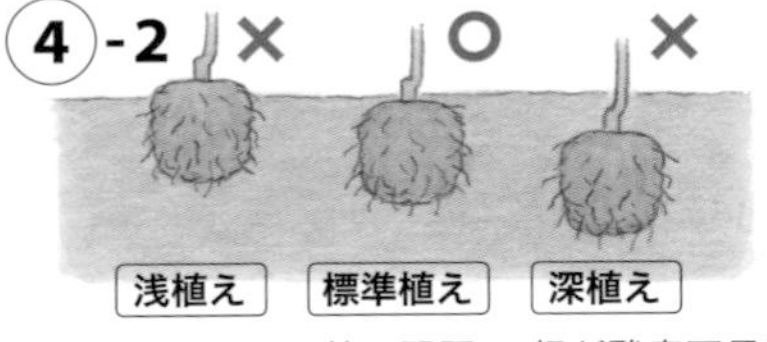

浅植え	標準植え	深植え
根に酸素が届きやすいが乾燥しやすい。苗木が倒れやすい。	特に問題なし。	根が酸素不足になりやすい。穂木から根や新梢が発生して管理しにくい。

根の一部が見えるほど浅植えにすると乾燥しやすい。つぎ木部（こぶ状の部位）が用土で埋まるほど深植えにすると、根が窒息しやすいほか、穂木から根が伸びて大木になりやすい。標準植えが最適。

水をやって完成

必要に応じて枝を支柱に固定し、水をたっぷりやる。表面が陥没するようなら用土を追加し、72～73ページの仕立てを参考に理想の木の形に近づける。

B. 鉢を大きくしないで植え替える手順　適期＝11～3月

鉢から株を引き抜く
鉢から株を引き抜く。根が詰まって抜けないようなら、鉢底から出ている根を切ったり、鉢の外側をたたくとよい。

根鉢の底を切る
株を横に倒し、可能なかぎり鉢底石を取り除いたあとに、ノコギリを使って根鉢の底の部分の古い根を古い用土と一緒に3cm切り取る。

周囲の根鉢を切る
株を起こし、今度は根鉢の側面の周囲も3cm程度、ノコギリを使って切り取る。株を回しながら何回かに分けて切るとよい。

用土を少し入れて植える高さを調整する
根鉢を切り取ったら、今まで使っていた鉢に34ページのAの②～③と同じ要領で鉢底石と用土を入れて、植える高さを調整する。

用土を入れて埋め戻す
株を鉢の中央に置き、用土を入れて根を埋める。この際、34ページ④-1のウォータースペースや④-2の植える深さなどの注意点を遵守する。

水をやって完成
必要に応じて枝を支柱に固定し、水をたっぷりやる。表面が陥没するようなら用土を追加して完成。置き場や水やりなど90～91ページを参考に管理。

基本 庭への植えつけ

適期＝11～3月

庭植えは鉢植えのように植え替えができないので、植えつける前に場所の検討や土づくりをしっかりと行います。

植えつける場所

なるべく日当たりや水はけのよい場所を選んで植えつけます。大木になりやすいので、最低でも2m四方のスペースが確保できる場所がおすすめです。確保が無理なら剪定でスペースに収まるようにコンパクトに維持します。

土づくり

少し余裕をみて直径70cm、深さ50cm程度掘り上げて、根が将来伸びる部分の土を軟らかくします。さらに、掘り上げた土に腐葉土などの土壌改良材を18ℓ程度混ぜ込みます。枝が無駄に伸びるのを防ぐため、よほどのやせ地でなければ肥料は混ぜ込みません。

植え穴は最低でも直径70cm、深さ50cmは確保したい。苗木が入る分だけの小さな穴だと、水はけが悪くて株の生育が悪くなる。

掘り上げた土に腐葉土などの土壌改良材を入れて、ふかふかにするとその後の生育がよくなる。

Column

庭植えは大木になりやすい

庭植えは地面に植えつけるので、根が四方に伸び続けます。地下部の根と地上部の枝葉は連動しているので、庭植えは枝葉も毎年のように拡大し、大木になりやすく、放任すると樹高20mになることも珍しくありません。

ただし、剪定などの作業を適切に行えば、樹齢30年以上でも右写真のように低い樹高に保てます。

手前の木は剪定などを工夫して樹高1.5m程度の低樹高に仕立てた。奥の木は通常の剪定を行い、樹高3m程度に仕立てた。どちらも樹齢30年程度。

庭への植えつけの手順　適期＝11～3月

1 苗木が埋まる穴を掘る

事前に36ページの土づくりをしていた場合は、埋め戻した場所に植え穴を掘る。今回は苗木の根鉢が入る分の穴を掘ればよい。

2 根を軽くほぐす

苗木をポットから抜き、根鉢を軽くほぐして根を少し出す。根が長い場合は、先端を軽く切り詰めて発根を促す。

3 苗木を入れて高さを調整する

植え穴に苗木を入れ、④のつぎ木部が土で埋まらないか確認しながら、植え穴に入れる土の量を調整して高さを決める。

4 土を入れる

根のすき間に土を入れる。指をさしているつぎ木部が土で埋まると、穂木から発根して樹勢が強くなり、実つきが悪くなることもあるので注意。

5 枝を切り詰める

棒状の枝が1本の苗木を植える場合は、枝の発生を促すためにつぎ木部から50㎝程度で切り詰める。何本も枝分かれした苗木なら剪定する。

6 支柱に固定し、水をやる

強風などで苗木が倒れたりしないように、支柱を立ててひもで固定。その後、たっぷりと水をやって完成。

February

2月

今月の管理

- 戸外など
- 鉢植えは乾いたらたっぷり。庭植えは不要
- 鉢植え・庭植えともに施す
- 越冬害虫を駆除する

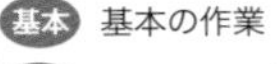

基本 基本の作業
トライ 中級・上級者向けの作業
無農薬 無農薬・減農薬栽培のコツ

2月のカキ

1年で最も寒さが厳しい時期を迎えます。カキの木はかなりの低温（−13℃程度）に耐えられるので、寒冷地でなければ心配はいりませんが、積雪がある場合は雪の重みで枝が折れないように注意しましょう。先月に引き続き、剪定や植えつけ、植え替えのほか、越冬害虫の駆除のための作業を行います。翌月以降に根が徐々に活動を開始するので、それに先駆けて春肥を施すことも重要です。

2月の風景　雪柿
雪が降り積もったカキの木。寒冷地で積雪が見られる場合は、雪解けを待って春肥を施してもよい。剪定は雪に関係なく行う。

管理

鉢植えの場合

置き場：戸外など
−13℃を下回らない場所へ。

水やり：鉢土の表面が乾いたら
7日に1回を目安に、鉢底から水が流れ出るまでたっぷり与えます。

肥料：春肥を施す
39ページを参照。

庭植えの場合

水やり：不要

肥料：春肥を施す
39ページを参照。

病害虫の防除

越冬害虫を駆除する

カイガラムシ類やイラガの繭などを歯ブラシや割りばしなどで取り除きます。

イラガ類の繭。6月ごろに羽化するので、冬のうちに取り除くとよい。繭の中にもとげをもつ種もいるので素手で触れないよう注意。

今月の主な作業

- 基本 植えつけ
- 基本 植え替え
- 基本 剪定
- 基本 落ち葉や枯れ枝、剪定枝の処分

春肥（元肥・芽出し肥）

適期＝2月

2月に春肥を施します。1年間の生育のために必要な養分の大半を補う肥料なので元肥と呼ばれるとともに、萌芽に備えて春に施す肥料なので、芽出し肥とも呼ばれます。

春肥には、肥料の三大要素であるチッ素、リン酸、カリだけでなく微量要素が必要で、土の物理性（ふかふか度）を改善する必要があるため、有機質肥料の使用がおすすめです。右表では、有機質肥料のなかでも入手が容易で、においが少ない油かすの施肥量を示していますが、品種や気候、土壌の性質などによって適切な肥料の種類や施肥量は大きく異なるので、枝葉などの生育状態を観察しながら適切な肥料の種類や量を見極めましょう。

左：油かす。骨粉や魚粉などほかの有機質肥料が混ぜられたものはなおよい。形状は粉末、固形を問わない。右：夏肥や秋肥で用いる化成肥料。

主な作業

基本 植えつけ、植え替え

休眠期が適期。寒冷地では 3 月以降

32～37ページを参照。

基本 剪定 無農薬

72 ～ 82 ページを参照

樹液が枝の中を盛んに流れる萌芽後に剪定すると切り口がふさがりにくく、枯れ込みが入るおそれがあります。剪定は2月末までに終わらせましょう。

つぎ木用の穂木を保存する場合（43ページ）も、今月までに採取します。

基本 落ち葉や枯れ枝、剪定枝の処分 無農薬

病害虫の予防のために処分する

31、82ページを参照。

春肥の施肥量の目安（油かす*1を施す場合）

	鉢や木の大きさ		施肥量 *2
鉢植え	鉢の大きさ（号数*3）	8号	30g
		10号	45g
		15号	90g
庭植え	樹冠直径*4	1m未満	150g
		2m	600g
		3m	1350g

*1　ほかの有機質肥料が混ざっていればなおよい
*2　一握り30g、一つまみ3gを目安に
*3　8号は直径24cm、10号は直径30cm、15号は直径45cm
*4　92～93ページ参照

March

3月

今月の管理

- 戸外など
- 鉢植えは乾いたらたっぷり。庭植えは不要
- 鉢植え・庭植えともに不要
- 越冬害虫を駆除する

基本 基本の作業
トライ 中級・上級者向けの作業
無農薬 無農薬・減農薬栽培のコツ

3月のカキ

肌寒い気候が続きますが、春の訪れを実感する日も徐々にふえていきます。上旬にはカキの木は休眠から完全に覚めているので、気温さえ上昇すれば根が養分や水分を吸収し、枝の中を樹液が流動して萌芽の準備が始まります。根が傷むのを防ぐために、植えつけや植え替えは萌芽前に完了させます。タネまきやつぎ木といった繁殖の適期を迎えるので、作業に慣れてきたら、こうしたレベルアップの作業にもチャレンジしてみましょう。

M.Miwa

3月の風景　萌芽直前の芽
気温が上昇すると芽がほころぶ。この状態の芽は少し触っただけでも取れやすく、剪定などの作業には不向きな時期となる。

管理

鉢植えの場合

置き場：戸外など
戸外でよいが、寒冷地（−13℃以下）や遅霜が降りる場合は注意。

水やり：鉢土の表面が乾いたら
3日に1回を目安に、鉢底から水が流れ出るまでたっぷり与えます。

肥料：不要

庭植えの場合

水やり：不要

肥料：不要

病害虫の防除

越冬害虫を駆除する

カイガラムシ類をこすり取る作業が終わっていなければ、今月中に完了させます。気温が上昇してふくらみ始めた芽は取れやすいので、作業の際に触らないよう注意しましょう。今月以降は薬害が発生しやすいので、やり忘れた場合でもキング95マシンなど（70ページ参照）の散布は行いません。

今月の主な作業

- 基本 植えつけ
- 基本 植え替え
- トライ タネまき
- トライ つぎ木

主な作業

基本 植えつけ、植え替え

寒冷地では雪が解けたら

32～37ページを参照。

トライ タネまき

保存しておいたタネをまく

42ページを参照。

トライ つぎ木

保存しておいた穂木をつぐ

43ページを参照。

Column

無農薬

病害虫を手で取る

病気が発生した部位や害虫を手で取り除くことは、感染や加害の拡大を防ぐために最も手軽な方法です。無農薬・減農薬を目指す場合には試してみましょう。

重要なのは取り除く時期です。発生が拡大しきった状態で取り除いても効果が少ないので、日ごろから木をよく観察して発生にいち早く気づき、早期対処を心がけます。

取り除く際に、イラガ類（55ページ参照）などのように人体に危害が及ぶ場合や汚れなどで不快に感じる場合は、素手ではなく割りばしや歯ブラシ、手袋などを使用しましょう。

イラガ類を割りばしで取り除いている様子。

Column

水やり３年

水やりは簡単そうに見えてじつは奥が深いです。昔から「水やり３年」といわれ、習得に時間がかかる作業として認識されています。

カキの場合は特に難しく、水が少しでも足りないと枝葉はしおれ、やりすぎると根が腐ることもあります。そのため、本書に記載がある「３月は３日に１回」などというのはあくまで頻度の目安としてとらえ、土の表面の乾き具合や新梢の活力、気象条件などを総合的に考慮して、水やりのタイミングや量を調整する行き届いた配慮が必要です。

トライ タネまき

適期＝3月

カキをタネから育てると楽しいので試してみましょう。ただし、タネから育てると初結実まで早くても７年程度かかるので、収穫を目的とする場合は、タネからでなく苗木を植えつけます。観賞用か、つぎ木（43ページ参照）の台木としての利用がおすすめです。

タネまきの手順

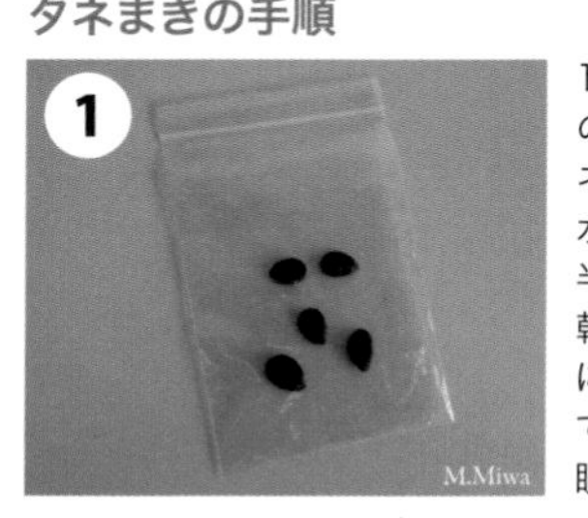

1 10〜12月ごろの収穫果からタネを取り出し、水でよく洗う。半日ほど室内で乾かしてポリ袋に入れ、冷蔵庫で保存して休眠を覚ます。

2 3月になったら、タネを取り出し、水に半日つけて吸水させる。その後、「野菜用の土」などを入れた鉢（4号程度）にタネを1cm程度の深さで埋める。

3 発芽して1年ほど水をやりながら鉢のまま育てる。翌年の3月につぎ木の台木に使用するか、植え替えや植えつけなどをして栽培を楽しむ。

Column

タネの形と中身

タネの形は品種ごとに個性があります。例えば、富有は丸くて厚みがあり、富士は細長くてスナック菓子の「柿の種」に似た形をしています。

タネを割ると中に白い物体がありますが、これは受精卵が成長した胚（子葉、胚軸、幼根）です。タネをまいて、この胚の一部がタネの外に出ると発芽となります。

タネにはさまざまな魅力があり、観察すると新たな発見に出会うことができます。

左から富有、紋平、西条、富士（別名：甲州百目など）

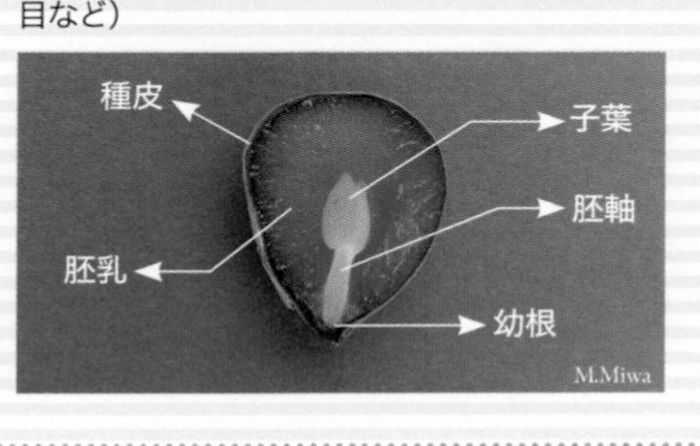

子葉は双葉、胚軸は茎、幼根は根になる。胚乳には養分が蓄積されている。

つぎ木

適期＝3月

つぎ木とは、植物体の一部を別の植物体に接着して一つの個体にすることです。つぎ木で苗木をつくる場合には、台木を42ページのタネまきでつくる必要があります。本書では初心者でも成功しやすい切りつぎを解説します。

つぎ木（切りつぎ）の手順

1 穂木の準備
12〜2月の剪定の際に切り取った枝を20cm程度に切り分け、ポリ袋に入れて穂木として冷蔵庫で保存する。

2 穂木の調整

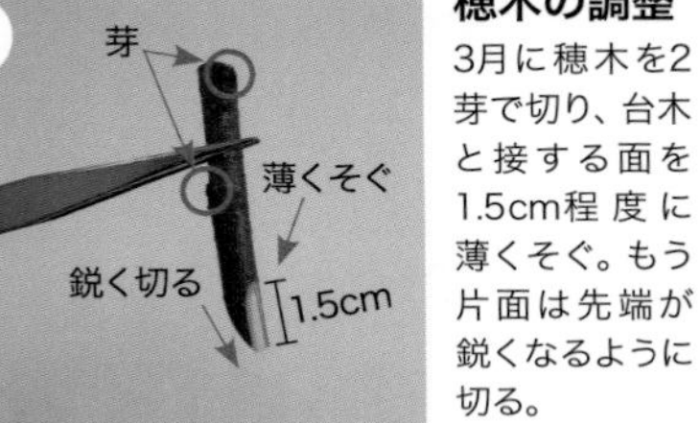

3月に穂木を2芽で切り、台木と接する面を1.5cm程度に薄くそぐ。もう片面は先端が鋭くなるように切る。

3 台木の準備

台木の隅に1.5cm程度の深さの切れ込みを入れる。写真は高つぎ（下コラム参照）なので、太い枝を使用している。

4 台木に穂木を固定

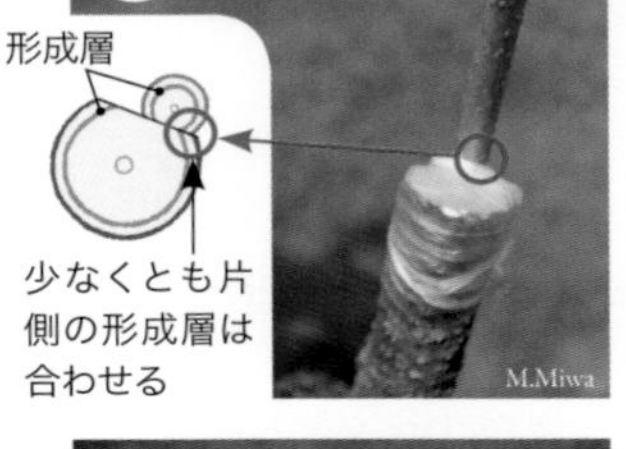

③の台木に②で調整した穂木をさし込み、つぎ木テープなどで固定する。片側の形成層はしっかり合わせる。

5 作業が終わったら
乾燥防止のために小さなポリ袋をかぶせて固定。4月になって萌芽し、袋に枝葉が触れそうになったらポリ袋を外す。

Column 「高つぎ」で1本の木から複数の品種が収穫できる

右図のように、すでに収穫できる成木の枝先につぎ木することを高つぎといいます。高つぎすると、1本の木で複数の品種の収穫を楽しむことができ、楽しみ方が広がります。難易度は高いですが、ぜひチャレンジしてみましょう。

甘ガキ富有の成木
甘ガキ太秋の穂木を高つぎ
ここから発生した枝には太秋の果実がなる

富有の成木に太秋の穂木を高つぎしている様子。成木の甘ガキ品種に渋ガキ品種の穂木をつぐことや、その反対も可能。ただし品種間でつぎ木の相性が悪い場合もある。

April

4月

今月の管理

- 日当たりのよい戸外
- 鉢植えは乾いたらたっぷり。庭植えは不要
- 鉢植え・庭植えともに不要
- 予防のための薬剤散布

基本 基本の作業
トライ 中級・上級者向けの作業
無農薬 無農薬・減農薬栽培のコツ

4月のカキ

次々に萌芽して茶色の枝（休眠枝）1本当たり3～4本程度の新梢が発生します。新梢はみずみずしく、その伸長は力強くて頼もしく感じるほどです。下旬ごろになると花蕾の形がわかるくらい大きくなるので、中級・上級者は摘蕾（てきらい）すると大きくて品質のよい果実を収穫できます。最も注意すべき病気の炭そ病の防除の適期なので、毎年のように発生する場合は、薬剤による防除を検討しましょう。

4月の風景　新梢の伸長
カキの新梢はほかの果樹と異なり、下に垂れ下がるような姿で伸長するのが特徴。萌芽直後は折れやすいので取り扱いに注意。

管理

鉢植えの場合

置き場：日当たりのよい戸外

萌芽するので日当たりのよい場所に置き、日光によく当てます。遅霜が予想される場合には、事前に鉢植えを霜が当たらない場所に移動させます。

水やり：鉢土の表面が乾いたら

2日に1回を目安に、鉢底から水が流れ出るまでたっぷり与えます。

肥料：不要

庭植えの場合

水やり：不要

肥料：不要

病害虫の防除

予防のための薬剤散布

炭そ病（45ページ）が毎年発生する場合は、4月、6月、9月に薬剤を散布して予防します。今月はGFベンレート水和剤などを散布すると、炭そ病に加えて落葉病やうどんこ病などの予防にも効果があります。これらの病気が発生しない場合には薬剤散布は不要です。

今月の主な作業

トライ 摘蕾

病気　炭そ病

注意度 ◇◇◇

葉や枝、果実に暗褐色の斑点が発生するのが特徴です。感染が広がるとともに落葉や落果がひどくなり、収穫が皆無になることもある厄介な病気です。

冬の落ち葉や枯れ枝、春から秋の被害部の処分を徹底し、袋かけするのがポイントですが、多発する場合は、予防のための薬剤の散布が必須です。

葉（上写真）では暗褐色の斑点が発生して落葉する。果実（下写真）では発生初期の6月ごろは小さい斑点が発生し、成熟前の9月ごろには直径1cm程度まで拡大して落果する。

主な作業

トライ 摘蕾

花蕾を間引く

1本の新梢には、2～5個程度の花の蕾（花蕾）がつきます。すべてが開花すると養分を無駄に消費するので、1本の新梢に花蕾が1個になるように間引きます。この作業を摘蕾といいます。

摘蕾をしなくても、7月の摘果（56ページ参照）の際に1新梢に1果にしますが、4月の摘蕾で間引いたほうが養分ロスが減少します。その結果として枝が充実して果実の肥大を助け、へたすき（69ページ参照）などの発生が減ります。必須の作業ではありませんが余裕があったら行いたい作業です。

形が整っている花蕾を1個残す。位置でいうと基部から2～3番目にあり、へたの大きな花蕾が品質のよい果実になりやすい。上写真は基部から2番目の花蕾を残した。

◇◇◇注意度3：予防を心がけ、発生したら薬剤散布も視野に入れて対処する
◇◇注意度2：なるべく対処する　◇注意度1：特に気にしなくてもよい

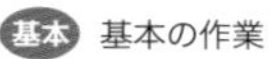

基本の作業

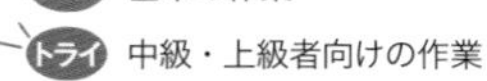

中級・上級者向けの作業

無農薬 無農薬・減農薬栽培のコツ

今月の管理

- 日当たりのよい戸外の軒下
- 鉢植えは乾いたらたっぷり。
  庭植えは不要
- 鉢植え・庭植えともに不要
- 予防のための薬剤散布

5月のカキ

今月の最大のイベントは開花で、結実を左右する重要な月となります。乳白色の花が一斉に咲き、ミツバチなどの昆虫が集まります。カキの結実の仕組みは複雑で、単為結果性が弱い品種（24ページ）や不完全甘ガキ（25ページ）の品種は、結実して樹上で渋が抜けるためには受粉樹が必要で、人工授粉も行ったほうが無難です。育てている品種の特性を把握し、必要であれば受粉樹を用意して人工授粉をしましょう。

5月の風景　雌花とセイヨウミツバチ
養蜂に用いられるセイヨウミツバチはカキの花を好み、開花時期は盛んに訪花する。農家が受粉のために飼育するケースも。

管理

鉢植えの場合

置き場：日当たりのよい戸外の軒下

日光が当たる軒下で雨を避けます。

水やり：鉢土の表面が乾いたら

２日に１回を目安に、鉢底から水が流れ出るまでたっぷり与えます。

肥料：不要

庭植えの場合

水やり：不要

肥料：不要

病害虫の防除

予防のための薬剤散布

開花期の５月はミツバチなどの受粉を助ける昆虫が多く訪花します。そのため、殺虫剤を散布すると受粉が妨げられ、実つきが悪くなるおそれがあるのでなるべく控えます。一方、カキノヘタムシガ（51ページ参照）が収穫皆無になるほど発生する場合は、ミツバチへの影響が少ないモスピラン液剤などを今月中に散布することも検討します。

今月の主な作業

トライ 人工授粉

害虫　アザミウマ類

注意度 ✿

別名スリップス。1mm未満の小さな成虫が果実や葉を吸汁し、吸われた場所は白く変色します。被害にあうと外観は汚くなりますが、食味にはほとんど影響しないので、気にしすぎないのもポイントといえます。

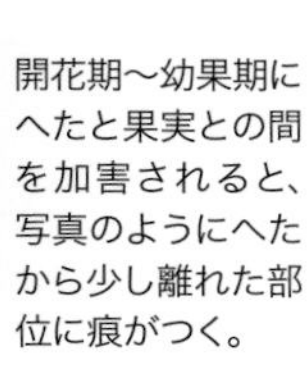

開花期〜幼果期にへたと果実との間を加害されると、写真のようにへたから少し離れた部位に痕がつく。

病気　灰色かび病

注意度 ✿

葉や果実に斑点が発生する病気。被害は小さく食味には影響が少ないので対処は特に不要です。気になる場合は開花後の花弁を取り除き、被害部を取り除いて感染拡大を防ぎましょう。

開花後の花弁が落下しないで果実に残ったままカビが生えると、果実の先端に発症する。

主な作業

トライ 人工授粉

雄花の花粉を雌花に授粉する

48〜49ページを参照。

Column

雌花と雄花の違い

1か所に1個の花が咲き、花弁を包み込むほど大きな萼（がく：別名へた）をもつのが雌花です。雌花には雌しべがあるので結実します。すべての品種で雌花が咲きます。

一方、2〜3個の小さな花が集まって咲くのが雄花です。雄花には雌しべがなく、結実しません。雄花は一部の品種しか咲きません。

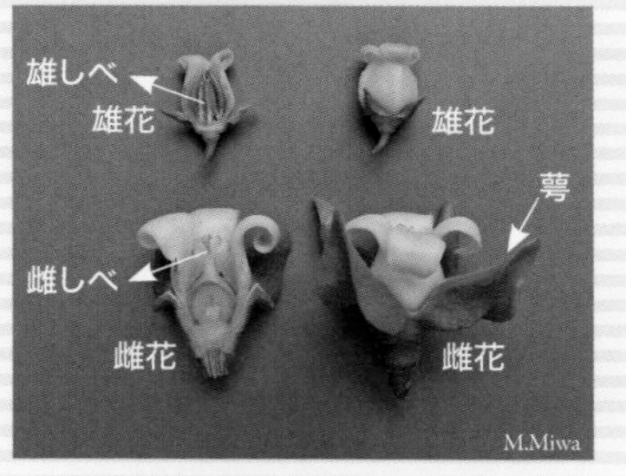

上記のほかに、太秋などのごく一部の品種では、雄しべと雌しべを両方もつ両性花が咲くことがある（8ページ参照）。

1月 2月 3月 4月 5月 6月 7月 8月 9月 10月 11月 12月

トライ 人工授粉

適期＝5月

カキ農家では必須の作業ですが、家庭で育てる分には人工授粉しなくても問題なく結実・脱渋する場合もあります。しかし、毎年のように実つきが悪い場合や、甘ガキでも渋みが残る場合は人工授粉を試しましょう。特に単為結果性が弱い品種や不完全甘ガキでは人工授粉を試す価値があります（24～25ページ参照）。

まずは雌花と雄花の両方をもつ品種（8、10～23ページ参照）を受粉樹として育てます。次に右写真を参考に雄花を採取し、49ページの**A**と**B**どちらかの方法で人工授粉します。

人工授粉をするためにはまず、雌花（上の花）と雄花（下の花）が両方咲く品種を受粉樹として用意する必要がある。

雄花の内部の様子。左の花より早くて閉じている状態だと人工授粉には早すぎる。右の花より雄しべが褐変すると遅すぎる。

人工授粉の概要

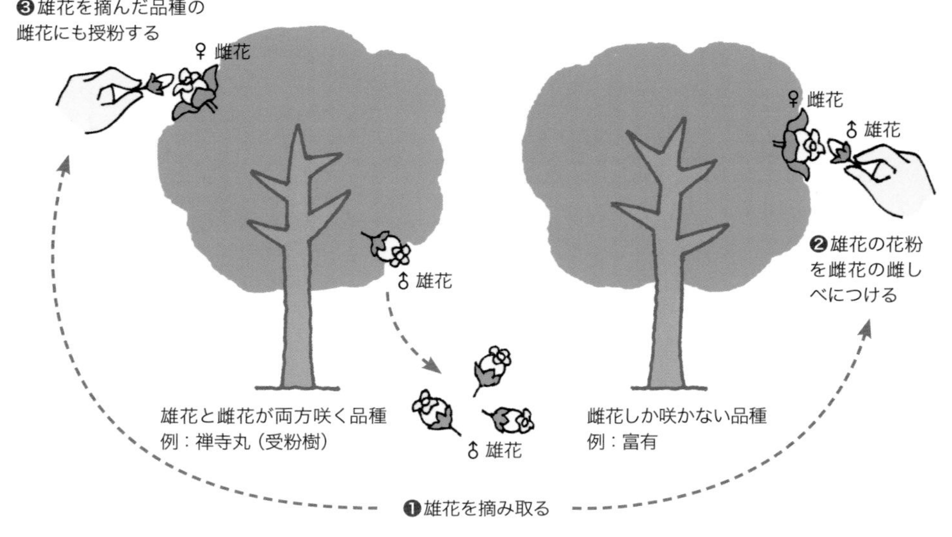

人工授粉の手順

A. 授粉する花数が少ない場合　～花から花へ人工授粉する

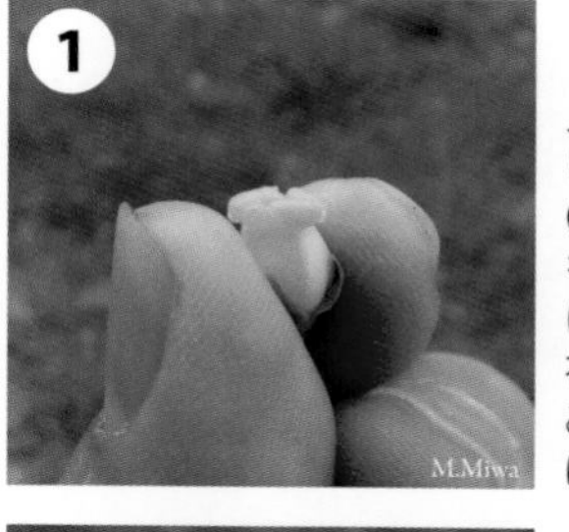

人工授粉に適した状態の雄花（48ページ参照）を必要な分だけ摘み取る。雄花はすべて摘み取っても結実に影響しない。

雄しべがむき出しになったところ。1個の花で30個程度の雌花に人工授粉できるので、必要な数を用意するとよい。

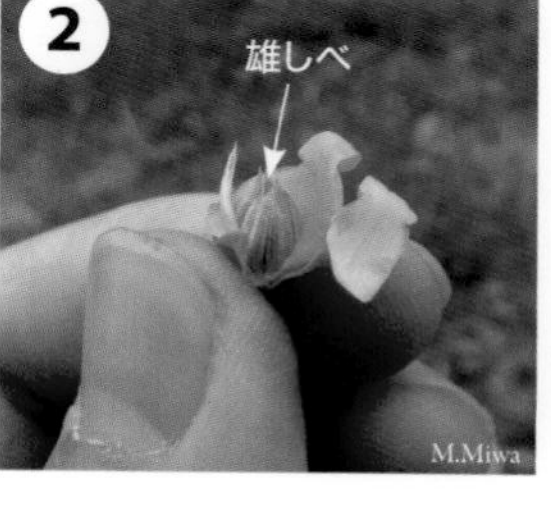

人工授粉しやすいように花弁を手でちぎり取って、中央部にある雄しべをむき出しにする。

雌花の4本の雌しべのすべてに花粉がつくようにしっかりと雄しべをこすりつける。

B. 授粉する花数が多い場合　～花粉を取り出して人工授粉する

人工授粉に適した状態の雄花（48ページ参照）を必要な分だけ摘み取る。雄花を指でもんで花粉を深い皿や瓶などに採取する。

採取した花粉を乾いた絵筆などで雌花の雌しべにこすりつける。雌花の4本の雌しべのすべてに花粉がつくようにしっかりと。
雌花と雄花の開花時期がずれる場合は、瓶などに花粉を密封して冷凍庫に入れれば、1年間ほど保存できる。

June

6月

今月の管理

- 日当たりのよい戸外の軒下
- 鉢植えは乾いたらたっぷり。庭植えは不要
- 鉢植え・庭植えともに施す
- 予防のための薬剤散布

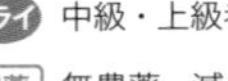

基本 基本の作業
トライ 中級・上級者向けの作業
無農薬 無農薬・減農薬栽培のコツ

6月のカキ

今月から小さな果実が落ちる前期生理落果が発生します。前期生理落果の原因は、日照不足や品種特性のような改善しにくい原因のほかに、人工授粉の未実施によるタネ不足や肥料のやりすぎ、剪定の過不足、病害虫の発生などさまざまな作業の失敗が原因となることもあります。6月に落果が多いようなら、94～95ページを参照しながら、それまでの作業に失敗がないか見直し、改善するための対策を講じましょう。

M.Miwa

6月の風景　雌花から幼果へ
結実したばかりの果実。前期生理落果が発生する可能性があるので、家庭では落果が落ち着く7月以降に摘果するとよい。

管理

鉢植えの場合

置き場：**日当たりのよい戸外の軒下**
日光が当たる軒下で雨を避けます。

水やり：**鉢土の表面が乾いたら**
2日に1回を目安に、鉢底から水が流れ出るまでたっぷり与えます。

肥料：**夏肥を施す**

庭植えの場合

水やり：**不要**

肥料：**夏肥を施す**

病害虫の防除

予防のための薬剤散布

梅雨入りを迎え、病害虫が発生しやすい条件がそろうので防除が重要です。病気では炭そ病（45ページ）が毎年発生する場合は、2回目の防除としてサンケイエムダイファー水和剤などを散布します。害虫では、カキノヘタムシガやカメムシ類、アザミウマ類、コナカイガラムシ類にはベニカ水溶剤、ハダニ類にはダニ太郎の散布が効果的です。

今月の主な作業

- トライ 新梢の間引き
- トライ 捻枝
- トライ 環状はく皮

夏肥（追肥・玉肥）

適期＝6月

２月に施した春肥が分解・吸収もしくは流失してその効果が弱まる時期に、追加の肥料として施すので追肥ともいいます。果実（玉）の肥大が盛んな時期に施すので、玉肥とも呼ばれます。

カキの夏肥では、チッ素、リン酸、カリをバランスよく、比較的高い濃度で必要とするので、化成肥料（N-P-K＝8-8-8など）を下表を目安に施します。８〜９月に肥料が残りすぎると果実品質が低下するので、速効性か効果持続が２か月以内の緩効性肥料がおすすめ。

夏肥の施肥量の目安（化成肥料*1を施す場合）

	鉢や木の大きさ		施肥量 *2
鉢植え	鉢の大きさ（号数*3）	8号	10g
		10号	15g
		15号	30g
庭植え	樹冠直径*4	1m未満	45g
		2m	180g
		3m	400g

＊1　化成肥料はN-P-K=8-8-8など
＊2　一握り30g、一つまみ3gを目安に
＊3　8号は直径24cm、10号は直径30cm、15号は直径45cm
＊4　92〜93ページ参照

主な作業

トライ 新梢の間引き　無農薬

不要な新梢をつけ根で切り取る

52ページを参照。

トライ 捻枝、環状はく皮

新梢の向きを修正し、幹の皮をはぐ

53ページを参照。

害虫　カキノヘタムシガ　注意度３

6月ごろからカキノヘタムシガの幼虫がへた付近の果実を食い荒らし、へたを残して落果します。へた付近にふんが残っているかどうかが見分けるポイントです。発生が多いと収穫皆無になることもあるので、最も注意すべき害虫です。

太い幹の樹皮の間で越冬することが多いので、12〜2月に粗皮削り（71ページ参照）をすると一定の効果が期待できます。発生が多い場合は、殺虫剤の散布に頼らざるをえないのが現状です。

加害を終えてへたから出てくる幼虫。

注意度３：予防を心がけ、発生したら薬剤散布も視野に入れて対処する
注意度２：なるべく対処する　注意度１：特に気にしなくてもよい

 新梢の間引き（夏季剪定）

適期＝6～8月

木の骨格となる太い幹（主枝や亜主枝）からは、多くの新梢が発生しますが、これらには果実がつきにくいうえ、無駄に養分を消費し、日当たりや風通しが悪くなって病害虫発生の原因となります。そこで、夏季剪定の一環として新梢を付け根で間引きます。

ただし、夏季剪定といっても夏に間引くのは新梢のみで、前年以前に伸びた太くて茶色の枝や幹は切らないようにしましょう。切ると切り口から枯れ込んで木が弱ることがあります。

剪定で太い枝を切った切り口からは特に多くの新梢が発生しやすい。

前年に伸長した細くて茶色い枝（1年目の休眠枝）から発生した新梢は間引く必要はない。

新梢の間引きの手順

1か所の木の骨格となる太い幹（主枝や亜主枝）から6本程度の新梢が発生して混み合っているので、間引いてすっきりとさせたい。真上に伸びる太い枝は徒長枝（59、79ページ）になりやすく、残しても利用しにくいので優先的に間引く。鉛筆くらいの太さで、斜めや横方向に伸びる枝を残すとよい。

新梢が2本になるまで間引いてすっきりさせた。写真のようにどうしても上向きの枝しか残せなかった場合は、53ページの捻枝をして新梢が横向き～斜め向きになるように方向を修正するとよい。新梢の茎の部分は6月までは黄緑色をしているが、7月以降になると写真のように茶色く木質化してくる。

トライ 捻枝（ねんし）　適期=6〜7月

主枝や亜主枝から発生する新梢のうち、真上に伸びるものを手でねじって横方向〜斜め方向に修正します。この作業を捻枝といいます。徒長枝(59、79ページ参照)になるのを防ぐほか、新梢の方向を修正できます。

両手でしっかりと新梢を持ち、何度もねじって新梢のつけ根部分を柔らかくする。折るのではなくねじる感覚が重要。

捻枝の手順

指をさしている新梢が上向きなので、向きが斜め方向になるよう修正したい。

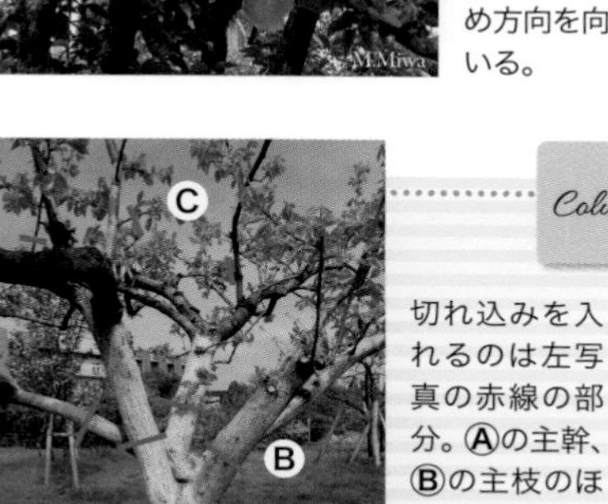

捻枝が成功した状態。手を放しても枝が斜め方向を向いている。

Column

トライ 実つきをよくする 環状はく皮　適期=6〜7月

新梢ばかりが発生して実つきが悪い場合に試したいのが環状はく皮です。主幹（右写真Ⓐ）や主枝Ⓑの幹回りに幅5mm、深さ4mm程度の切れ込みをノコギリで入れる方法で、葉で光合成した養分が無駄に幹や根に移動しないようにするのが目的です。切れ込みが深すぎると木が傷むことがあるので、経験を伴う上級者向けの作業といえます。最近では主幹や主枝ではなく、新梢が発生する末端の茶色の枝（Ⓒ）への環状はく皮も推奨されています。

切れ込みを入れるのは左写真の赤線の部分。Ⓐの主幹、Ⓑの主枝のほか、最近ではもっと先端の枝である結果母枝（Ⓒ）に入れる例もふえている。

ノコギリなどで1本の切れ込みを入れて、5mm程度離れた場所にもう1本の切れ込みを入れ、間の樹皮をむく。

July

7月

今月の管理

- 日当たりのよい戸外の軒下
- 鉢植えは乾いたらたっぷり。
  庭植えは雨が降らなければ
- 鉢植え・庭植えともに不要
- 手で取り除き、薬剤散布も検討

基本 基本の作業
トライ 中級・上級者向けの作業
無農薬 無農薬・減農薬栽培のコツ

7月のカキ

前期生理落果が一段落する今月は摘果の適期です。大きくておいしい果実を収穫するために必ず摘果しましょう。翌シーズンに開花するための花芽（73ページ参照）は、今月ごろから葉のつけ根で盛んにつくられ始めるので（花芽分化）、摘果で果実を減らすことは隔年結果を防ぐためにも重要です。中・下旬になると梅雨が明け、病害虫の発生がさらに盛んになります。木をよく観察して発生初期に早く気づき、対処できるようにしましょう。

7月の風景　幼果
結実して肥大を始めた果実。写真のように1新梢に2果以上ついている場合は、摘果で1果に間引くとよい。

管理

鉢植えの場合

置き場：日当たりのよい戸外の軒下
日光が当たる軒下で雨を避けます。

水やり：鉢土の表面が乾いたら
鉢底から水が流れ出るまでたっぷり与えます。基本的には毎日行います。

肥料：不要

庭植えの場合

水やり：雨が降らなければ
根が乾燥に弱いので、降雨が10日間程度なければ、たっぷり与えます。

肥料：不要

病害虫の防除

手で取り除き、薬剤散布も検討
病気の被害部や害虫は発生初期に手などで取り除きます。特にイラガ類が発生すると人にも危害が及ぶので、摘果、袋かけの作業前に対処します。発生が多い場合には、家庭園芸用マラソン乳剤を散布すると、ハマキムシ類やカイガラムシ類も一緒に防除できます。

今月の主な作業

- トライ 新梢の間引き
- トライ 捻枝
- トライ 環状はく皮
- 基本 摘果
- トライ 袋かけ

害虫　イラガ類
注意度 ◎◎

幼虫は体に多くのとげをもち、触ると激しい痛みとかゆみが残るので注意が必要です。防除のためには幼虫や冬の繭を見つけしだい、割りばしなどで取り除くほか、薬剤散布も効果的です。

ヒロヘリアオイラガ（写真）のほか、アオイラガやヒメクロイラガなどが発生する。

害虫　ハマキムシ類
注意度 ◎

幼虫が葉や果実を食害し、さなぎになる直前に白い糸でつづり合わせます。

風通しが悪いと発生しやすいので、剪定や新梢の間引きを徹底し、幼虫やさなぎをなるべく早く見つけて取り除きます。袋かけや薬剤の散布も効果的です。

ハマキムシ類の幼虫は葉を盛んに食べる。さなぎになると葉や果実を白い糸でつづって繭をつくる。

主な作業

トライ 新梢の間引き ［無農薬］
捻枝、環状はく皮

6月に準じて作業を行う

52～53ページを参照。

基本 摘果

果実を間引く

56～57ページを参照。

トライ 袋かけ ［無農薬］

摘果後の果実に果実袋をかける

摘果したあとの果実を病害虫などから守るため、果実袋をかぶせると効果的です。園芸店などでも家庭園芸用のカキの果実袋が市販されています。

カキ農家は寒さから完熟果を守るため9月ごろにかけますが、家庭では病害虫防除のために摘果後にかけましょう。

果実袋に付属している針金を果梗（果実の軸）か枝に回し、しっかりと固定する。

◎◎◎注意度3：予防を心がけ、発生したら薬剤散布も視野に入れて対処する
◎◎注意度2：なるべく対処する　◎注意度1：特に気にしなくてもよい

基本 摘果

適期＝7〜8月

カキは豊作と不作の年を交互に繰り返す性質（隔年結果性）が強いので、養分ロスを防ぐために必ず摘果します。

摘果は2回に分けて行います。まずは7月上旬までに、1新梢当たり1果になるように間引きます（予備摘果）。4月に摘蕾をした場合は不要です。

次に、7月中旬〜8月上旬に葉20枚当たり1果になるようにさらに間引きます（仕上げ摘果）。例えば、葉が200枚ある鉢植えなら10果残して、ほかの果実は間引きます。間に合わなければ、予備摘果と仕上げ摘果を同時に行ってもかまいません。

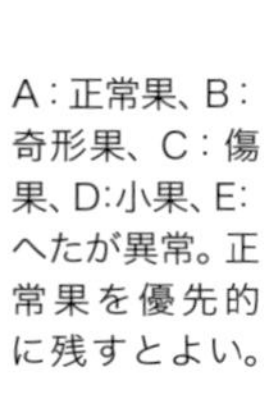

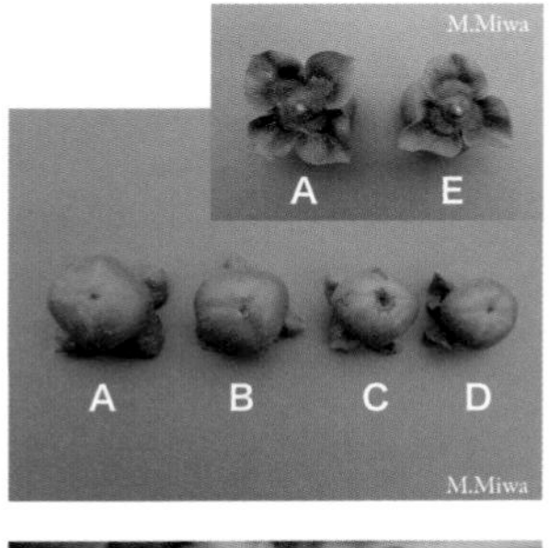

A：正常果、B：奇形果、C：傷果、D:小果、E:へたが異常。正常果を優先的に残すとよい。

上向きの果実は日焼け（88ページ参照）しやすいので、優先的に間引く。下向きの果実を残すとよい。

摘果の概要

予備摘果（7月上旬まで）

1新梢当たり1果に間引く
（摘蕾をしていれば不要）

仕上げ摘果（7月中旬〜8月上旬）

葉20枚当たり1果になるように、
さらに間引く

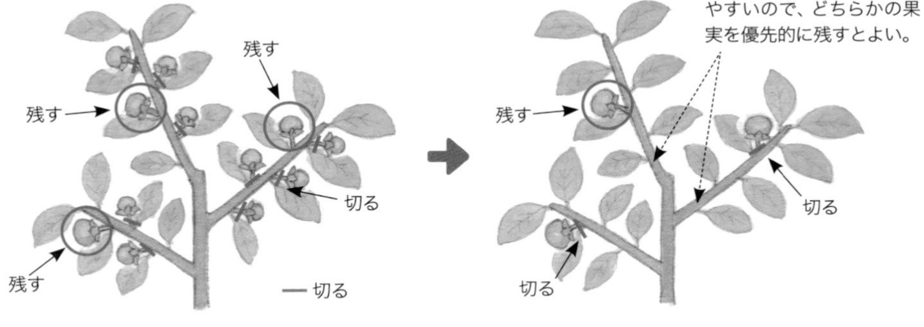

へたが大きな果実を優先的に残す

3つの新梢で葉は合計20枚なので1果に間引く

※仕上げ摘果の葉20枚当たり1果という数字はあくまで目安なので、木全体の葉の枚数をすべて数える必要はない

摘果の手順

※予備摘果と仕上げ摘果を同時に行う場合

摘果前の状態。2本の新梢に果実が6個ついている。葉は合計20枚程度ついている。

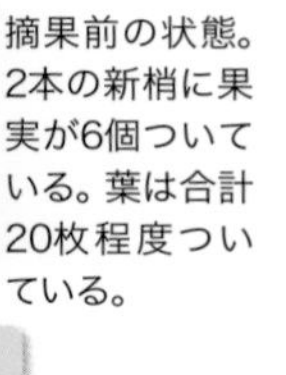

ハサミを使って1新梢1果になるように間引いているところ。

予備摘果が終了して仕上げ摘果をするところ。2本の新梢で葉が合計20枚あるので、上の新梢の果実をさらに間引く。

4 摘果後

仕上げ摘果が終了した様子。形がよく下向きで、果実やへたが大きいものを残した。

Column

摘果はなぜ重要？

カキは豊作と不作の年を交互に繰り返す性質（隔年結果性）が非常に強い果樹です。主な原因はならせすぎによる養分不足で、花芽分化開始期（54ページ参照）の７～８月の果実を摘果によって減らすことで防ぐことができます。また、摘果には果実を大きく甘くする効果もあります。摘果しないほうがもったいないので、ぜひともやりましょう。

摘果をしないでならせすぎの状態。若木や木が元気なうちは、摘果をしなくても翌シーズンも同じように収穫できるが、老木になったり天候不順などで木が弱ると、とたんに実つきが悪くなることが多い。

August

8月

今月の管理

- 日当たりのよい戸外
- 鉢植えは乾いたらたっぷり。庭植えは雨が降らなければ
- 鉢植え・庭植えともに不要
- 手で取り除き、薬剤散布も検討

基本　基本の作業
トライ　中級・上級者向けの作業
無農薬　無農薬・減農薬栽培のコツ

8月のカキ

高温・乾燥条件が続く今月は、鉢植え・庭植えともに水やりが非常に重要です。若い葉がしおれたり、成葉が内側に巻いた場合（88ページ参照）は特に注意が必要です。今月から10月ごろまで再び果実が落ち始める後期生理落果が続くことがありますが、その数が多いようなら水不足や剪定での枝の切りすぎの恐れがあります。8〜9月に施肥をすると、落果や着色不良、へたすきなど（88ページ参照）の原因となることがあるのでなるべく控えます。

M.Miwa

8月の風景　肥大する果実
高温や乾燥によって若干停滞するものの、果実は確実に肥大を続ける。肥大を促すうえでも水やりは重要な作業といえる。

管理

鉢植えの場合

置き場：日当たりのよい戸外

日光によく当てます。暑さでしおれる場合は一時的に日陰に避難させます。

水やり：鉢土の表面が乾いたら

鉢底から水が流れ出るまでたっぷり与えます。基本的には毎日行います。

肥料：不要（施すと品質不良の原因に）

庭植えの場合

水やり：雨が降らなければ

根が乾燥すると落果や着色不良、へたすき、果頂裂果（88ページ参照）などが発生するので、降雨が10日間程度なければたっぷり与えます。

肥料：不要（施すと品質不良の原因に）

病害虫の防除

手で取り除き、薬剤散布も検討

病気の被害部や害虫は発生初期に手などで取り除きます。カキノヘタムシガやカメムシ類、イラガ類が発生する場合は、家庭園芸用スミチオン乳剤の散布で同時に防除できます。

今月の主な作業

- トライ 新梢の間引き
- 基本 摘果
- トライ 袋かけ

害虫　カメムシ類

注意度 ◎◎

クサギカメムシなどのカメムシ類が果実を吸汁します。被害がひどいと幼果は落ち、軽症でも肥大した果実の被害部がえぐれ、果肉がスポンジ状になって食味が落ちます。摘果後に果実袋をかけると物理的に防ぐことができます。

カメムシ類に吸汁され、表面がえぐれた果実。年によって被害率が異なる。

生理障害　果頂裂果

注意度 ◎◎

果実のお尻（果頂部）が割れて黒く変色する生理障害の一種で、主な原因は7～8月の急激な果実肥大です。多発する場合は6月の早期摘果や7～8月の摘果での減らしすぎを控え、夏季の土の乾燥に注意します。

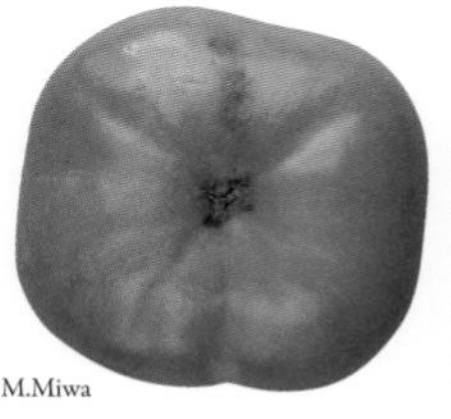

品種によって裂果の程度が異なり、次郎（写真）や太秋、袋御所などは裂果しやすい。

主な作業

トライ 新梢の間引き　無農薬

不要な新梢をつけ根で切り取る

6～7月に終わっていなければ52ページを参考にして新梢を間引きます。特に徒長枝（直径3cm以上で長さ1m以上が目安）になってしまった新梢は、そのすべてをつけ根で切り取りましょう。徒長枝は翌年結実しにくいほか、大木化や枝が混み合って病害虫が発生する原因となるため、なるべく早く除去する必要があります。

徒長枝（赤矢印）は冬の剪定時にも切り取るが、なるべく早い時期に切り取ったほうがよい。

基本 摘果

果実を間引く

56～57ページを参考にして早めに。

トライ 袋かけ　無農薬

摘果後の果実に果実袋をかける

55ページを参考にして早めに。

◎◎◎注意度3：予防を心がけ、発生したら薬剤散布も視野に入れて対処する
◎◎注意度2：なるべく対処する　◎注意度1：特に気にしなくてもよい

今月の管理

- 日当たりのよい戸外
- 鉢植えは乾いたらたっぷり。庭植えは雨が降らなければ
- 鉢植え・庭植えともに不要
- 手で取り除き、薬剤散布も検討

基本　基本の作業
トライ　中級・上級者向けの作業
無農薬　無農薬・減農薬栽培のコツ

9月のカキ

今月は1年のうちで作業が最も少ない月ではありますが乾燥時の水やりには注意しましょう。収穫を控えたこの時期に台風が来襲することもしばしばで、落果が心配で気が気でありません。渋ガキの刀根早生、甘ガキの西村早生や筆柿などの早生品種は上中旬ごろから色づくため、カキ農家では早く出荷する場合もありますが、家庭で育てている場合は食味を重視し、慌てずしっかりと色づくまで収穫を待つとよいでしょう。

9月の風景　色づき始めた果実
カキ農家では写真のように少しだけ色づいた状態で収穫して出荷することもあるが、品質は最高の状態ではない。

管理

鉢植えの場合

置き場：日当たりのよい戸外
日光によく当てます。

水やり：鉢土の表面が乾いたら
鉢底から水が流れ出るまでたっぷり与えます。基本的には毎日行います。

肥料：不要（施すと品質不良の原因に）

庭植えの場合

水やり：雨が降らなければ
根が乾燥すると落果やへたすき（69ページ参照）が発生するので、降雨が10日間程度なければたっぷり与えます。

肥料：不要（施すと着色不良の原因に）

病害虫の防除

残効期間が短い薬剤を選ぶ
炭そ病が毎年のように多発する場合は、3回目の防除としてトップジンM水和剤などを散布すると、落葉病やうどんこ病にも効果的です。収穫が近いので防除の際には上記のような残効期間が短い薬剤を選ぶのがポイントです。

今月の主な作業

トライ 鳥獣害対策

害虫　ハダニ類

注意度 ✿

主に5～6月と8～9月に発生し、枝葉やへた、果実を吸汁して黒いしみのような痕が残ります。枝葉や果実が少し汚れる程度ですが、大発生するようなら葉水（下のコラム参照）や薬剤散布などを検討する必要があります。

吸汁された部分には、黒いしみのような点が生じる。

Column　無農薬

枝葉に水をかける葉水

病気を防ぐため、水やりは株元に向かってやるのが基本ですが（91ページ参照）、すぐ乾くような条件、例えば夏の晴天時の日中であれば枝葉に水をかけても問題ありません。

葉を吸汁しているハダニ類は、水やりの際に葉に水をかけることで洗い流して防除することができるので、ハダニ類が発生する場合は、水で洗い流しましょう。

主な作業

トライ 鳥獣害対策

防鳥網などで防ぐ

鳥ではカラス類やムクドリなど、獣ではサルに注意が必要です。ハクビシンやアライグマは、ブドウやイチジクなどの柔らかい果物に比べると、カキはそれほど好物ではないようですが、ほかに食料がないと食べるようです。

対策としては、鳥については市販の防鳥網を設置するのが有効です。サルやハクビシンなどについては網では防ぐのが難しく、電気柵などが有効です。

網や電気柵の設置には予算や手間がかかるのが難点ですが、ほかに鳥獣害の手軽な対策がなく、全国のカキ栽培者が困っているのが現状です。

鳥は防鳥網で覆い、獣は電気柵（上写真）で守るのが最も無難な対応策といえる。

✿✿✿注意度3：予防を心がけ、発生したら薬剤散布も視野に入れて対処する
✿✿注意度2：なるべく対処する　✿注意度1：特に気にしなくてもよい

October

10月

今月の管理

- 日当たりのよい戸外の軒下
- 鉢植えは乾いたらたっぷり。庭植えは不要
- 鉢植え・庭植えともに施す
- 薬剤は極力散布しない

基本 基本の作業
トライ 中級・上級者向けの作業
無農薬 無農薬・減農薬栽培のコツ

10月のカキ

寒露を迎え、朝晩に葉が冷たい露でぬれるようになると、早生品種から順番に果実が着色・成熟して収穫が始まります。しっかりと色づき、糖度が上昇して最高の状態になった果実のみを吟味して、収穫しましょう。渋ガキの場合は、自身の好みや生活スタイルに合った脱渋方法（65～67ページ参照）を選ぶのも楽しみの一つです。収穫のほかには、秋肥も翌シーズンのためには重要なので必ず施します。

10月の風景　収穫を迎えた平核無の果実
渋ガキの平核無は10月中・下旬に収穫できる。アルコールや二酸化炭素で脱渋することが多いが、干しガキにする地域もある。

管理

鉢植えの場合

置き場：日当たりのよい戸外の軒下

日光が当たる軒下で雨を避けます。

水やり：鉢土の表面が乾いたら

2日に1回を目安に、鉢底から水が流れ出るまでたっぷり与えます。

肥料：秋肥を施す

庭植えの場合

水やり：不要

肥料：秋肥を施す

病害虫の防除

薬剤は極力散布しない

病気の被害部や害虫は発生初期に手などで取り除きます。特に炭そ病（45ページ参照）や落葉病（69ページ参照）などの病気やイラガ類（55ページ参照）、カイガラムシ類（31ページ参照）は被害が拡大しやすいので、見つけしだい、取り除きます。収穫期が近く、収穫果への残留が気になるので、今月は薬剤を極力散布しないほうがよいでしょう。

今月の主な作業

基本 収穫
基本 脱渋

秋肥（お礼肥）

適期＝10月

夏肥（6月）の効果が弱まる10月は、結実や成熟によって木の養分が不足する時期でもあるので、秋肥を施す必要があります。収穫を迎える木へのお礼の肥料ということでお礼肥ともいいます。

落葉が始まる11～12月に施しても施肥の効果は低いので、11月以降に収穫を迎える中生品種・晩生品種でも、秋肥は10月の早い時期に施します。

秋肥においても 、夏肥と同じ化成肥料（N-P-K＝8-8-8など）を下表を目安に施すとよいでしょう。

秋肥の施肥量の目安（化成肥料＊1を施す場合）

	鉢や木の大きさ		施肥量＊2
鉢植え	鉢の大きさ（号数＊3）	8号	8g
		10号	12g
		15号	24g
庭植え	樹冠直径＊4	1m未満	30g
		2m	120g
		3m	270g

＊1 化成肥料はN-P-K=8-8-8など
＊2 一握り30g、一つまみ3gを目安に
＊3 8号は直径24cm、10号は直径30cm、15号は直径45cm
＊4 92～93ページ参照

主な作業

基本 収穫

全体が色づいたら収穫する

64ページを参照。

基本 脱渋

渋ガキの渋を抜く

65～67ページを参照。

病気　すす病 注意度 ◎

カイガラムシ類（31ページ参照）の分泌する甘露（甘い汁）が果実や葉にかかり、黒いすす状のカビが発生します。黒いすすは、発生が軽度であれば布などで拭き取ることができます。害虫であるカイガラムシ類をしっかりと防ぐことができれば、すす病が発生することはほとんどないので、31ページを参考にツノロウムシやフジコナカイガラムシなどのカイガラムシ類を防除しましょう。

M.Miwa
黒いすすを見つけたら、周囲にカイガラムシ類がいないか確認する。

注意度3：予防を心がけ、発生したら薬剤散布も視野に入れて対処する
注意度2：なるべく対処する　注意度1：特に気にしなくてもよい

基本 収穫

適期＝10〜12月

一斉に収穫するのではなく、適熟状態の果実のみを選んで逐次収穫します。果実全体が黄緑色から黄色、さらに橙色に色づくまで待つのがポイントです（着色具合は品種間差あり）。

果梗（果実の軸）が堅いので、収穫には必ずハサミを使います。先端が丸く加工された採果バサミ（下の収穫の手順を参照）を使うと、果実が傷つくリスクを減らすことができるのでおすすめです。果実を3週間以上、長期貯蔵する場合は右写真の方法を参考にしましょう。

果実の長期貯蔵

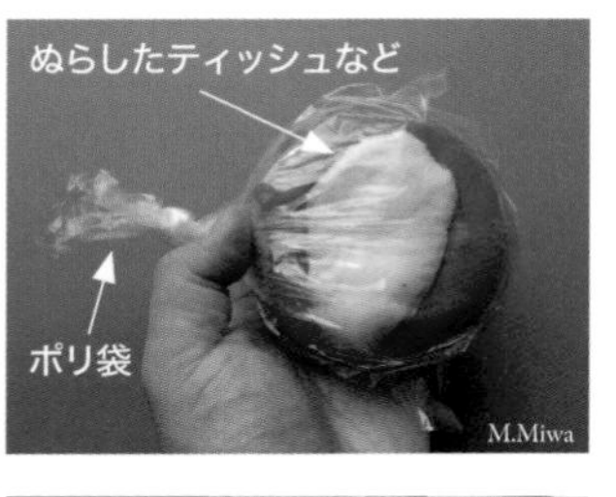

へたが乾燥しないようにぬらしたティッシュなどで保湿し、ポリ袋に入れる。

冷蔵庫の野菜室などで貯蔵する。ポリ袋は個装（1果ずつ）のほうが日もちしやすい。

収穫の手順

通常

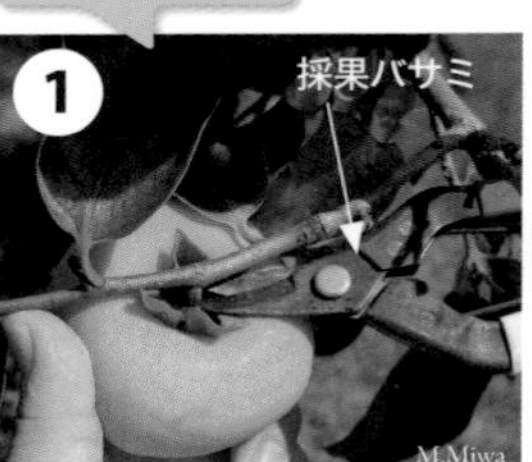

果実をやさしく支え採果バサミなどで果梗を切り取る。果実にハサミを当てないように注意。

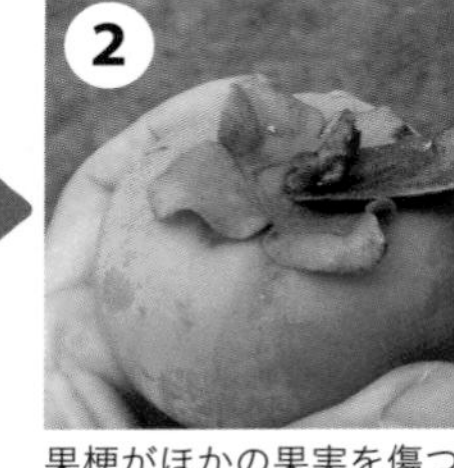

果梗がほかの果実を傷つけないように、切り残した部分を切り直す（二度切り）。

3

二度切りが終わった果実。かごや袋などに果実を入れ、次の果実を収穫する。

干しガキ

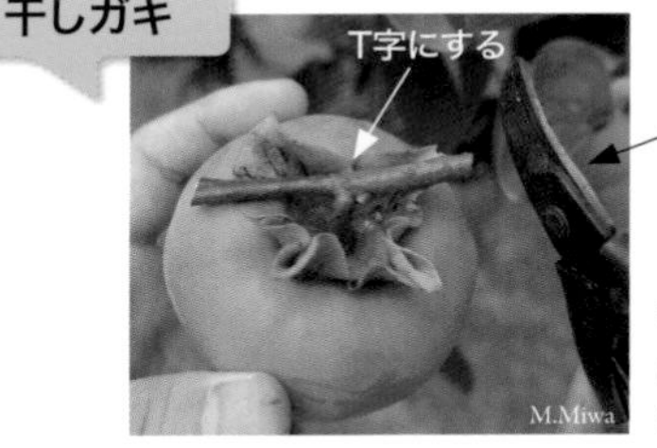

干しガキは果実をひもで吊るすため、果梗と枝をT字に切り残すのがポイント。

基本 脱渋（だつじゅう）

適期＝10～12月

カキ（主に渋ガキ）の渋を抜く作業を脱渋といいます。同じ渋ガキの果実でも、脱渋方法が異なると食味がまったく違ってきます。甘いはずの甘ガキが渋い場合も同じ方法で脱渋できるので、不完全甘ガキ（16～19ページ参照）でも試してみましょう。

脱渋 1 熟柿（じゅくし）

完熟しても収穫しないで柔らかくなるまで樹上で放置すると、渋が抜けて熟柿になる。食感は特に柔らかく、日もちは特に悪い。

脱渋 2 温湯脱渋

38～40℃程度のお湯に15時間程度つけて渋を抜く方法。短期間で脱渋できるが、高温が原因で日もちが特に悪く、あまり行われていない。

Column 渋が抜ける仕組み

カキの渋みの正体はタンニンというポリフェノールの一種です。タンニンには可溶性と不溶性があり、可溶性は唾液に溶けて舌が渋みを感じますが、不溶性は感じません。幼果や未熟果は、甘ガキ、渋ガキ問わず可溶性の状態でタンニンを蓄積するので渋みがあります。

渋ガキは、成熟が進んでもタンニンの状態は変化せず収穫果は渋いままです。そこで、渋ガキをアルコールにつけると、へたから吸収されたアルコールが酵素の働きでアセトアルデヒドに分解され、これがタンニンの不溶化に作用し渋が抜けます。他方、炭酸ガス脱渋や温湯脱渋は無酸素呼吸によってアルコールが合成され、渋が抜けます。

なお、甘ガキのうち不完全甘ガキについては、成熟時にタネから発生するアセトアルデヒドが作用して渋が抜けます。一方、完全甘ガキは脱渋にアセトアルデヒドは無関係で、幼果の段階でタンニン蓄積が停止し、果実肥大でタンニン濃度が薄まり渋みを感じなくなるといわれています（詳細は未解明）。

渋ガキの渋が抜ける仕組みの概要

アルコール脱渋
アルコールにへたをつける
炭酸ガス脱渋・温湯脱渋
炭酸ガスやお湯により果実が無酸素状態で呼吸する
吸収
アルコール
アルコール を合成
脱水素酵素
脱水素酵素
アセトアルデヒド を合成
不溶化に作用
可溶性タンニン → 不溶性タンニン
渋い
渋くない

脱渋 3　アルコール脱渋

アルコールを用いて渋を抜く方法で、家庭では最も手軽な方法といえます。脱渋期間が2週間程度と長いのと、果実がやや柔らかく、日もちがやや悪くなるのが欠点です。

アルコール脱渋の手順

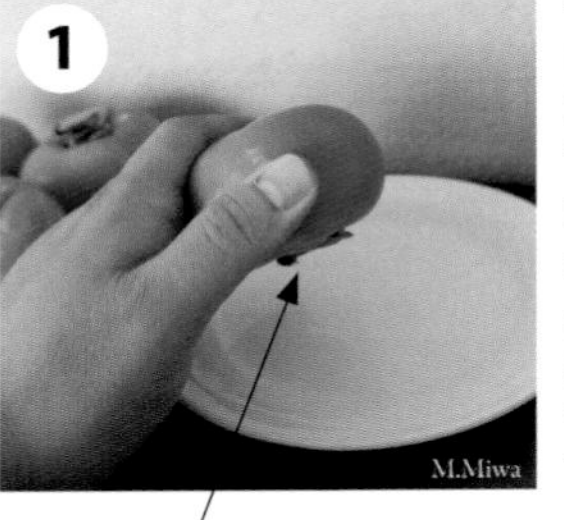

へたの部分につける

1 平皿にホワイトリカー（度数35％程度）を1cm程度の深さで入れ、渋ガキのへたの部分にホワイトリカーをつける。つけるのは一瞬でよい。

2 ホワイトリカーにつけた果実はへたとへたを重ねると渋が抜けやすく、鮮度を保ちやすい。

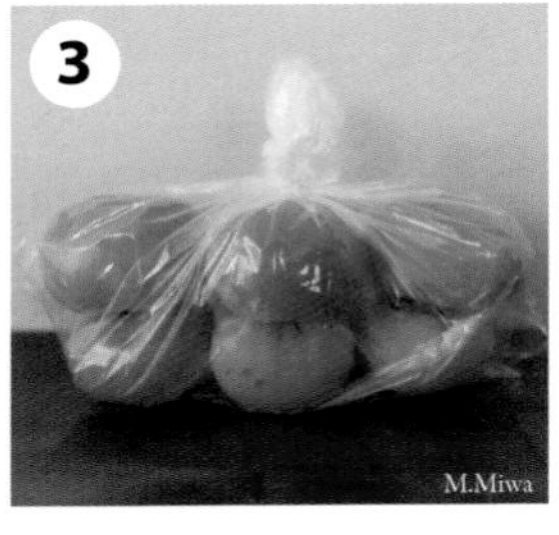

3 へたを重ねたままポリ袋に密封し、室内の涼しい場所で2週間ほど放置すると完成。果実が多い場合は、樽などを利用する。

脱渋 4　炭酸ガス脱渋

果実の周囲を炭酸ガス（二酸化炭素）で満たして無酸素呼吸させ、渋を抜く方法です。家庭ではドライアイスを用いるとよいでしょう。脱渋期間が5日間程度と短く、堅めの食感で日もちしますが、ポリ袋に空気が残ると失敗しやすいです。

炭酸ガス脱渋の手順

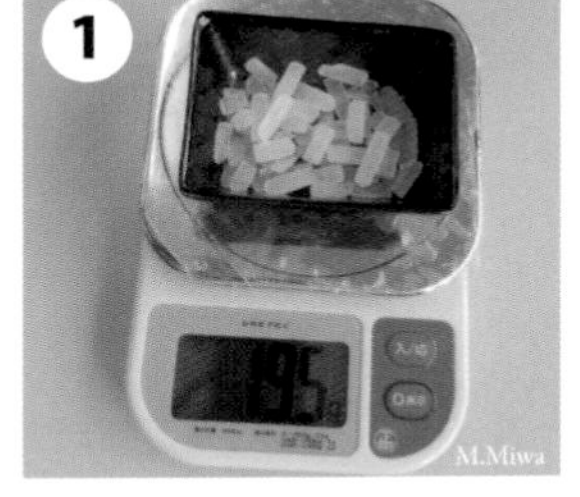

1 果実1kgに対してドライアイスを15g用意して皿などに入れる。ドライアイスはスーパーやケーキ屋などで配布している冷却用のものを流用するとよい。

2 果実とドライアイス入りの皿を二重にしたポリ袋に入れ、空気（酸素）がなるべく残らないようにしっかり抜いて密封する。

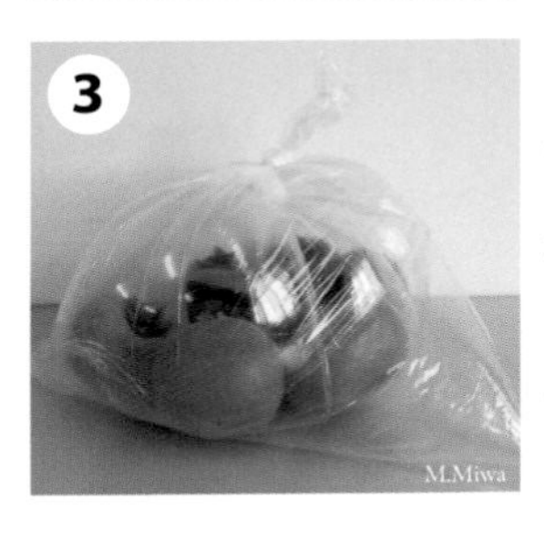

3 ドライアイスが気化してポリ袋がパンパンにふくれるが問題はない。そのまま5日ほど室内の涼しい場所に放置したら完成。

脱渋 5 干しガキ

古来より行われている方法で、乾燥の度合いから「あんぽ柿」と「ころ柿」に分けられ、15～60日程度で完成します。人によってつくり方はさまざまですが、本書では基本的な方法を紹介します。

干しガキづくりの手順

＊干し始めてからの日数は目安です

1 果梗と枝をT字に残して収穫した果実（64ページ参照）を使う。果皮をピーラーなどでむき、殺菌のため沸騰したお湯に一瞬くぐらせる。

2 0日目

T字部にひもをひっかけて吊るし、なるべく日当たりと風通しがよくて雨がかからない場所に干す。写真は干し始めた当日。

3 15日目

あんぽ柿に！

干し始めて15日目。水分含有率が50％程度になり、とろっとした食感のあんぽ柿になった。渋が抜けてもう食べられる状態。

4 30日目

30日目。水分含有率が30％程度まで減り、ころ柿と呼ばれる堅い食感の一般的な干しガキになった。

5 60日目

ころ柿が完成！

60日目。糖分がしみ出して乾燥し、白い粉が浮き出た状態。すぐ食べるか冷凍庫などで保存する。

Column

市販の干しガキはなぜきれい？

家庭でつくる干しガキは黒っぽく変色しがちですが（干しガキの写真④～⑤）、市販のものは鮮やかな色をしています（右写真）。その理由は、皮をむいたあとに硫黄でくん蒸殺菌し、室内の乾燥機で短時間で仕上げることなど多数あります。

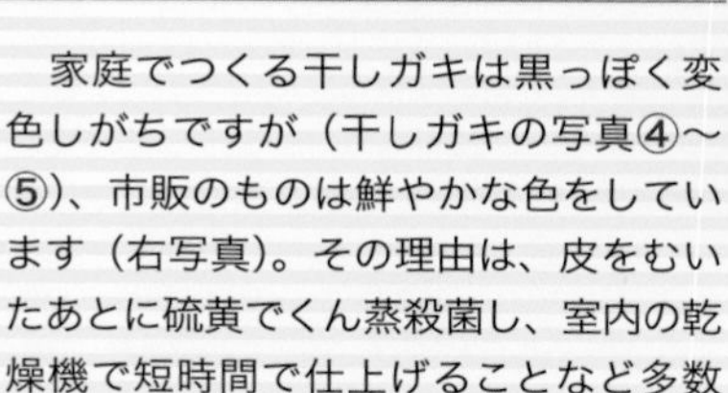

左：干す前の果実。中央：市販のあんぽ柿。右：市販のころ柿。干す前に硫黄でくん蒸するほか、ビタミンCやオゾンガスにさらすと黒く変色しにくい。

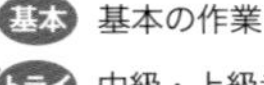

基本 基本の作業

トライ 中級・上級者向けの作業

無農薬 無農薬・減農薬栽培のコツ

今月の管理

- 日当たりのよい戸外の軒下
- 鉢植えは乾いたらたっぷり。庭植えは雨が降らなければ
- 鉢植え・庭植えともに不要
- 薬剤は極力散布しない

11月のカキ

立冬を過ぎて、北国から初雪の知らせが届くようになるとカキの収穫が本格化します。葉が木に残っているうちは、果実を木にならせておく時間が長いほど甘くなるので、収穫は慌てず完熟してから行うとよいでしょう。ただし、霜が降りると寒さで果実が傷むので、寒冷地では降霜前に収穫を終えるか、6月以降に果実袋をかけて果実を寒さから守る必要があります。家庭で育てるからこそ、最高の状態で収穫しましょう。

M.Miwa

11月の風景　収穫期を迎えた新秋の果実
澄みきった青空と色づいた果実のコントラストは絶妙。秋の風物詩として古くから親しまれてきた後世に残したい風景。

管理

鉢植えの場合

置き場：日当たりのよい戸外の軒下

日光が当たる軒下で雨を避けます。

水やり：鉢土の表面が乾いたら

3日に1回を目安に、鉢底から水が流れ出るまでたっぷり与えます。

肥料：不要

庭植えの場合

水やり：不要

肥料：不要

病害虫の防除

落ちた果実や葉は拾って処分

病気の被害部や害虫は発生初期に手などで取り除きます。特に炭そ病（45ページ参照）や落葉病（69ページ参照）などに感染して落ちた果実や葉は、翌年の発生源になる可能性があるので、1月の落ち葉の処分を待たずに拾って処分します（82ページの剪定枝と同様の処分）。今月も10月と同様に薬剤は極力散布しないほうがよいでしょう。

今月の主な作業

- 基本 収穫
- 基本 脱渋
- 基本 植えつけ
- 基本 植え替え

病気　落葉病

注意度 ◎◎

葉に角ばった斑点（角斑落葉病）や円い斑点（円星落葉病）が形成され、斑点の周縁が黒い輪で覆われるのが特徴です。収穫前に多発して落葉が早まると果実の品質が低下します。発生した葉を取り除くか薬剤散布で防除します。

葉は感染の有無にかかわらずいずれ落ちるので特に気にする必要はないが、多発して早期落葉する場合は対策を講じたい。

病気　うどんこ病

注意度 ◎

葉の裏側や枝に1～2cm程度の白色の斑点が発生し、やがて小さな黒色の菌糸の塊（子のう殻）が多く発生します。発生は5～6月と9～11月。発生部位を取り除くか薬剤散布で防除します。

ハダニ類（61ページ参照）の被害と少し似ているが、葉の裏側に黒い子のう殻が発生するのが特徴。

主な作業

基本 収穫、脱渋

収穫や脱渋の最盛期

64～67ページを参照。

基本 植えつけ、植え替え

休眠期が適期。寒冷地は３月以降

32～37ページを参照。

生理障害　へたすき

注意度 ◎◎

果実が急激に肥大することによって、へたと果実の間が割れて黒く変色する現象です。大きな果実で発生しやすいほか、富有や太秋、伊豆、花御所などの品種でも発生しやすいです。

対策としては4月の摘蕾の実施が効果的で、摘蕾や摘果の際にへたが大きな果実を優先的に残します。また、8～9月に10日ほど降雨がなければ庭植えでも水やりをしましょう。その期間の施肥や剪定での切りすぎも控えます。

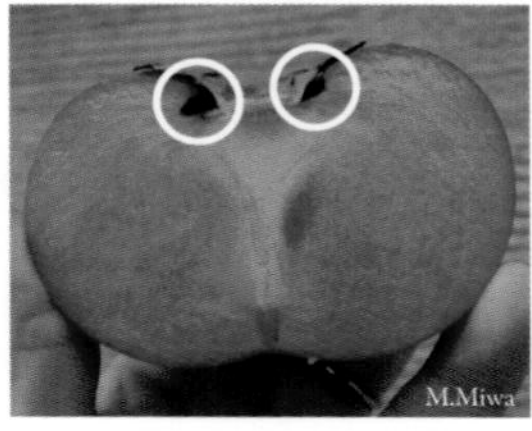

へたすきが発生しても、発生部位以外は食べられるが、日もちしにくくなるので注意。

◎◎◎注意度3：予防を心がけ、発生したら薬剤散布も視野に入れて対処する
◎◎注意度2：なるべく対処する　◎注意度1：特に気にしなくてもよい

December

12月

今月の管理

- 戸外など
- 鉢植えは乾いたらたっぷり。庭植えは不要
- 鉢植え・庭植えともに不要
- 越冬害虫を駆除する

基本 基本の作業
トライ 中級・上級者向けの作業
無農薬 無農薬・減農薬栽培のコツ

12月のカキ

気温の低下とともに紅葉が始まり、落葉します。カキの木は冬の寒さと乾燥に対応するため、休眠期に入ります。特に12～1月は自発休眠といって、深い休眠状態にあるので、どんなに気温が上昇しても新梢が伸び出すことはありません。剪定や植えつけ、植え替えは、なるべく深い休眠状態にあるうちに行いましょう。粗皮削りなどの越冬害虫の駆除についても、寒さが厳しいうちに行うと効果的です。

12月の風景　紅葉
品種によって紅葉の程度が異なり、写真のように赤く美しく紅葉する品種もあるが、ほとんど紅葉しないで落葉する品種もある。

管理

鉢植えの場合

置き場：戸外など

寒冷地（－13℃以下）では、防寒対策（71ページ参照）を行うが、眠り症（90ページ参照）には注意。

水やり：鉢土の表面が乾いたら

5日に1回を目安に、鉢底から水が流れ出るまでたっぷり与えます。

肥料：不要

庭植えの場合

水やり：不要

肥料：不要

病害虫の防除

越冬害虫を駆除する

粗皮削り（71ページ参照）をするとカキノヘタムシガなどを駆除できます。削ったあとにマシン油乳剤（右写真）を散布するとハダニ類などが防除できます。

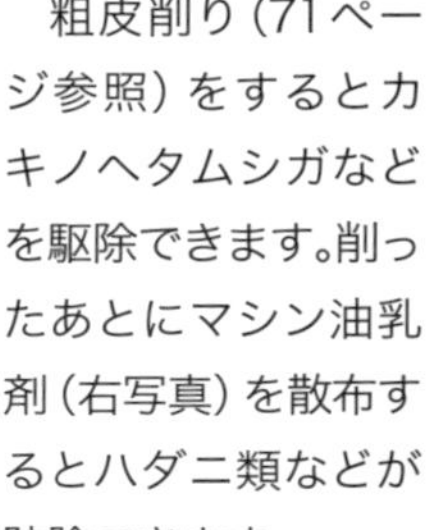

今月の主な作業

基本 収穫　基本 脱渋
基本 植えつけ　基本 植え替え
基本 剪定
トライ 粗皮削り
基本 防寒対策

主な作業

基本 収穫

全体が色づいたら収穫する

64ページを参照。

基本 脱渋

渋ガキの渋を抜く

65～67ページを参照。

基本 植えつけ、植え替え

休眠期が適期。寒冷地では３月以降

32～37ページを参照。

基本 剪定 無農薬

毎年必ず剪定する

72～82ページを参照。

トライ 粗皮削り 無農薬

幹の樹皮を削る

カキの幹の樹皮には細かい凹凸があり、害虫であるカキノヘタムシガやハダニ類などが風や寒さをしのぐ越冬場所にしています。そのため、冬に樹皮を削ることで越冬害虫を駆除できます。

古くなった樹皮は、草刈りガマ（首長ねじりガマなど）を用いて黄土色～灰色になるまで削り取ります。多少深く削っても問題ありません。害虫は主に高さ1.5m程度までの凹凸が多い太い幹の部分で越冬するので、高い場所にある枝は無理して削る必要はありません。

黄土色に色が変わっている部分が樹皮を削った部分。

首長ねじりガマ

基本 防寒対策

寒冷地では寒さで木が傷むのを防ぐ

カキは寒さに強いので、冬の防寒対策は基本的には不要です。ただし、冬の最低気温が－13℃以下になるような寒冷地で、植えつけから3年以内の幼木は寒さで枯れることもあります。

庭植えは苗木に沿って支柱を立て、麻布や不織布などで覆って固定するとよいでしょう（写真）。鉢植えは冬だけ寒くない場所に置き場を変えます。

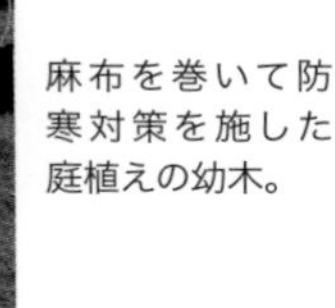

麻布を巻いて防寒対策を施した庭植えの幼木。

基本 剪定

適期＝12～2月

カキは大木になりやすいので、剪定は重要です。剪定しないで数年放任すると、結実部位が木の外周部分だけになって収穫量が徐々に減るほか、カキ農家などのプロでも切り方に苦心するような複雑な形の木になるので、必ず毎年剪定しましょう。

庭植えと鉢植えのどちらも、剪定での基本的な仕立て方や切り方は同じです。

剪定前に知っておくこと 1 目標となる樹形を理解して仕立てよう

仕立てとは、植えつけ後に剪定などの作業をして、果実がつきやすく管理しやすい木の形（樹形）にすることです。カキの場合に目標となる樹形は次の２つです。

タイプⒶ 開心自然形仕立て

株元付近から木の骨格となる太い枝（主枝）を３～４本程度発生させて横に広げる仕立て方です。最も大木になりにくく作業がしやすい仕立てなので庭植えではおすすめです。ただし植えつけ当初から計画的に枝の伸びる方向を調整する必要があり、放任樹（77ページ参照）からこの仕立てに変更することは困難です。

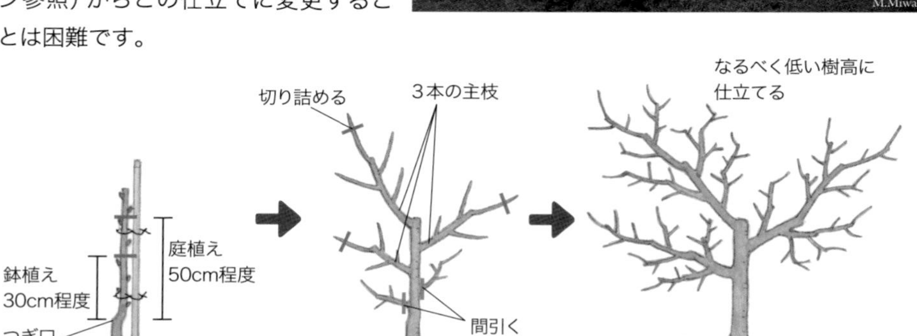

1年目（植えつけ時）
大苗ではなく棒苗からスタート。鉢植えならつぎ口から30cm程度、庭植えなら50cm程度で切り詰めて新梢の発生を促す。

2～3年目
伸びた枝のうち、角度や長さがよいもの3本程度を残してバランスよく違う方向に誘引し、それ以外はつけ根で切り取る。

4年目以降
2～3年目で残した枝を骨格となる枝（主枝）にして、そこから発生した枝を適度に間引き、木を徐々に拡大させて結実させる。

収穫・落葉後にまとめて
切り取る。

タイプ Ⓑ 変則主幹形仕立て

植えつけから数年間は、混み合った枝の間引きや切り詰めるような剪定だけを行い、ほぼ自然に伸びる状態にまかせます。樹高が高くなってきたら、頂点付近の枝をまとめて切り取って（芯を止めて）、以降の上や横への拡大を抑える仕立て方です。放任樹でも取り入れられるほか鉢植えに向いています。

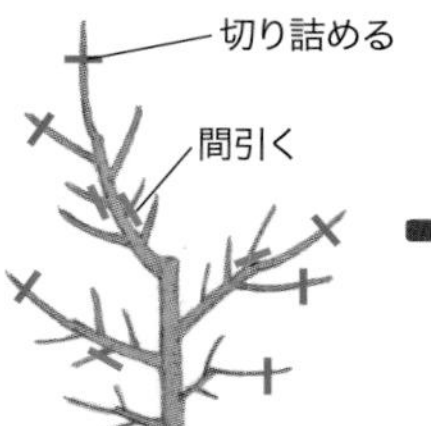

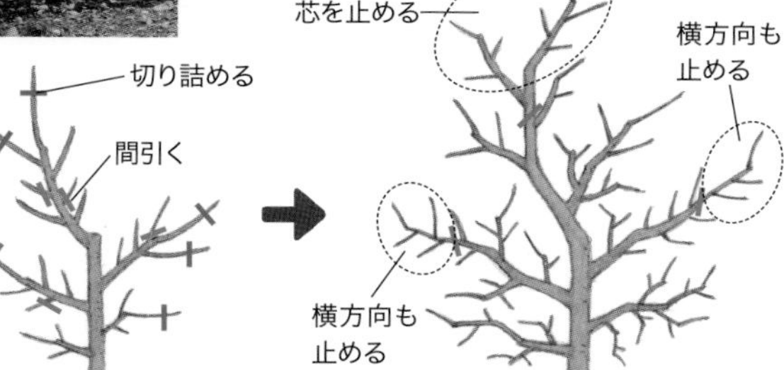

1年目（植えつけ時）
棒苗の場合は、庭植え、鉢植え問わずつぎ木部から50cm程度で枝を切り詰める。大苗は2〜3年目の作業からスタート。

2〜3年目
混み合った枝はつけ根で間引き、長い枝は先端を4分の1程度切り詰めて木の枝数をふやす。木の形は縦長になることが多い。

4年目以降
樹高が高くなってきたら、頂点付近の枝を分岐部でまとめて切り取って芯を止める。頂点だけでなく横方向の芯も止める。

Column

花芽と葉芽

休眠枝（落葉後の枝）には花芽と葉芽がつきます。花芽からは新梢が伸びて葉と花（果実）がつきますが、葉芽から伸びた新梢には葉しかつきません（80ページ参照）。ブルーベリーなどの果樹では大きいのが花芽、小さいのが葉芽と外見で区別できます。カキも花芽は葉芽よりも大きい傾向にありますが、外見で完全に区別するのは困難です。

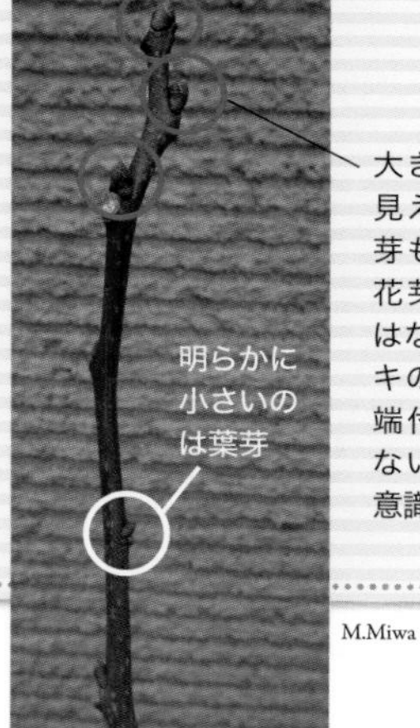

大きいので花芽に見えるが大きい葉芽も存在するので花芽だという確証はない。ただし、カキの花芽は枝の先端付近にしかつかないので剪定時に意識するとよい。

M.Miwa

剪定前に知っておくこと 2 株全体の枝数を7割減らし3割残す

春になると休眠枝1本当たり3～4本程度の新梢が発生し、枝の数は3～4倍になります。幼木で木を大きくする場合は枝の数が3～4倍になってもよいですが、大きくしない場合には多すぎるので、剪定時に枝の数を約3分の1に減らす、つまり約7割の枝は切り取る必要があります（体積でなく枝数）。78～79ページで解説する実践ステップ2を参照しながら、枝がスカスカになるくらい剪定しましょう。

剪定前の状態。混み合っていないが先端にはさみ枝（79ページ参照）がある。

剪定後の状態。はさみ枝や細すぎる枝などの不要な枝を間引いた。

剪定後の3月の様子。7割程度の枝を切り取り、スカスカにした。

新梢が発生した7月の様子。スカスカだった木がすでに混み合い始めている。

剪定前に知っておくこと 3 枝の先端の切り詰めすぎには注意

カキでは「剪定した翌シーズンに収穫できなくなった」というお悩みを多く耳にします。カキの花芽は休眠枝の先端付近にある数芽にしかつかないので（73、80ページ参照）、すべての枝先を深く切り詰めると収穫が激減します。上記2で解説したように枝の数は思いきって減らす必要がありますが、枝の先端を切り詰めすぎてはいけません。詳細は実践ステップ3（80～81ページ）を参照してください。

実践　剪定作業は３ステップで

剪定する際にどこから手をつけてよいか悩んでしまう場合は、ステップ1〜3に分けて考えましょう。まずはステップ1から取りかかります。それぞれのステップの具体的な作業内容は次ページ以降で解説します。

ステップ1　76〜77ページ

木の広がりを抑える

木の大きさを縮小もしくは現状維持する場合には、ノコギリを使って何本かの枝をまとめて切り取ることから始めます。分岐部を切り残しがないように切るのが重要なポイントです。まだ幼木で木を拡大させる場合は不要。

木の芯を止める

横方向も切り取る

横方向も切り取る

枝をまとめて切り取ることで貯蔵養分も大きく減るので、枝の勢いを弱める効果がある。樹勢が強すぎる木には効果的な切り方。

ステップ2　78〜79ページ

不要な枝を間引く

次に徒長枝や交差枝、はさみ枝、枯れ枝などの不要な枝をつけ根で切り取って間引きます。カキは落葉果樹なのでスカスカになるほど間引いてもかまいません。ステップ1と2で切り取る枝数の目安は合計7割程度です。

ステップ1〜2で　切り取った枝の数120本→約7割／残った枝の数50本→約3割

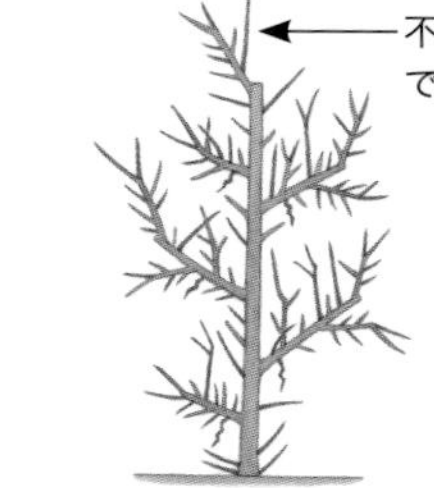

枝を間引くことでステップ1と同様に樹勢を弱める効果がある。樹勢が強すぎる木には有効だが、弱っている木では控えたい。

ステップ3　80〜81ページ

残った枝の先端を切り詰める

最後にステップ1〜2で残った枝のうち、長い枝だけを選び、先端を4分の1程度切り詰めて新梢の発生を促します。切り詰める枝の数が多すぎると収穫量が激減し、少なすぎると木が若返らず徐々に実つきが悪くなります。

長い枝だけ先端を4分の1程度切り詰める

枝先を切り詰めることで、充実した新梢が発生して樹勢を強める効果がある。弱っている木を若返らせるのには効果的な切り方。

基本 剪定

木の広がりを抑える

樹高や横への広がりを抑えることを目的として、木の外周部の何本かの枝を分岐部でまとめて切り取ります。まとめて切り取ることで、樹高や結実位置が以前の位置まで戻るので、切り戻し剪定と呼ばれます。主にノコギリを使用します。

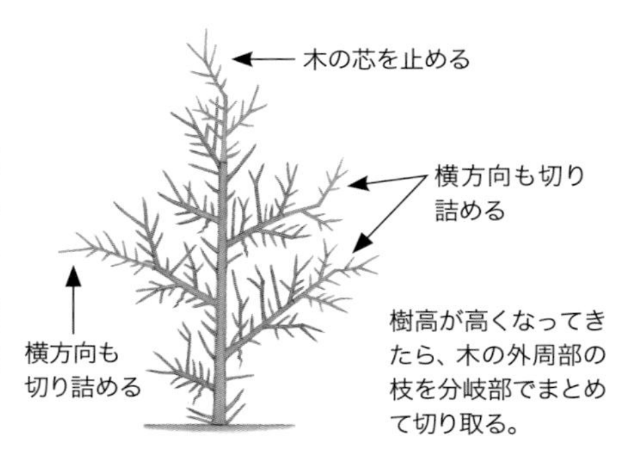

切り戻して結実する位置を維持する

果実は伸びた新梢につくので、結実部位は理論上は1年で50cm程度離れていき（右図）、徐々に高い位置に移動して作業効率が悪くなります。この状況はステップ2～3の間引きや切り詰めでは改善しにくいので、ステップ1で切り戻すことで結実する位置を以前の位置まで戻します。

2年で100cm
1年で50cm
2年前の枝の位置
2年前の結実の位置
秋　1年後の秋　2年後の秋

理論上は1年で50cm程度は結実部位が高くなるので、数年に1回切り戻して結実する位置を戻す。

1年で切りすぎず、複数年計画で

木は地下部（根）と地上部（幹や枝）とのバランスを維持しながら生育しています。そのため、剪定によって大量の枝を切り取って少なくすると、地下部の根が多くなるのでバランスをとるように翌春に大量の徒長枝を発生させて、数年間は実つきが悪い状態が続くことがあります。木をコンパクトにしつつ、収穫量も確保したい場合は、早くても3年程度、可能であれば5年以上かけてじっくりと木を縮小させましょう。

1年目に切る（緑）
2～3年目に切る（赤）
4～5年目に切る（水色）

木をコンパクトにするのは、年数をかける必要がある。

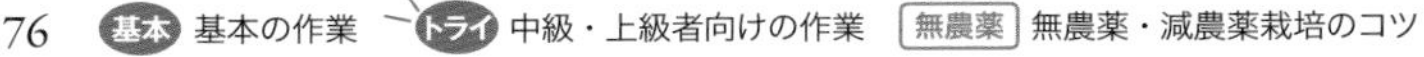

切り残すと枯れ込んで木が弱る

太い枝（幹）は分岐している部分で切りますが、切り残しがあると残した部分に養分や水分が通わなくなり、徐々に枯れていきます。そして切り残しの部分よりも基部の側に枯れ込みが入り、木が弱ることもあります。切り残さないように分岐部ぎりぎりで切ることが重要です。

正常な枝まで弱る

切り残した部分は枯れる

Column

手に負えないほどの大木になったら

何年も適切な剪定をしていないと右上写真のような大木になり、手の届く範囲に枝や果実がつかなくなります。こうなると、76ページのように複数年計画で切り戻しても修復不可能なので、株元付近までバッサリと切るしかありません。

カキは隠芽と呼ばれる幹に隠れた芽が吹きやすく、株元から30～50cmの高さまでノコギリで切っても新梢が発生する可能性が高いです。株元で切って首尾よく新梢が発生したら、72～73ページを参考に仕立て直すとよいでしょう。3年程度は徒長枝ばかりが発生して収穫が一切見込めませんが、うまく仕立て直せば作業しやすい木に生まれ変わります。4年目以降は右下写真のように再び収穫も楽しめるようになるかもしれません。

30cm程度の高さで切ると仕立て直せる可能性も。

樹齢20年の木を30cmの高さで切り、4年後に結実した様子。

4年前に30cm程度の高さで切った。

ステップ2

不要な枝を間引く

ステップ1で木の広がりを抑えたら、次に不要な枝をつけ根で間引いてさらに枝の数を減らします。ステップ2では木の外周部以外も間引きます。ステップ1～2の合計で7割程度の数の枝を減らすのが目安です。

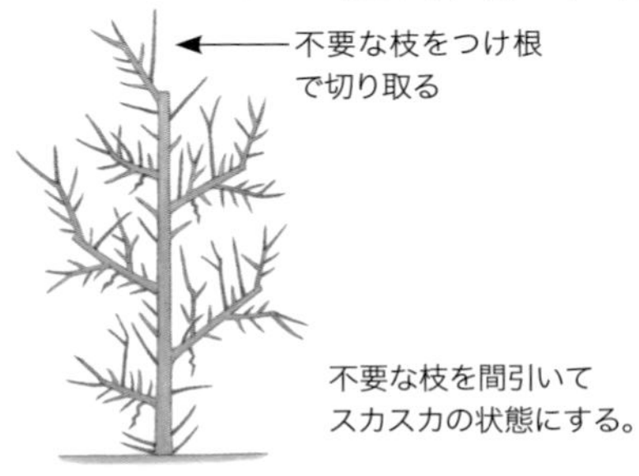

7割程度の枝を切り取る

1本の休眠枝当たり3～4本の新梢（それぞれ10～60cm程度の長さ）が発生するので、大きくしたくない成木ではステップ1～2を合計して7割程度の数（体積ではない）を目安に、79ページの不要な枝を減らしましょう。なお、7割というのはあくまで目安です。木を大きくしたい幼木や、すでに枝が少ない木（特に下写真のような鉢植え）では、枝の間引きを1割程度にとどめ、枝の切り詰め（ステップ3）を重点的に行います。

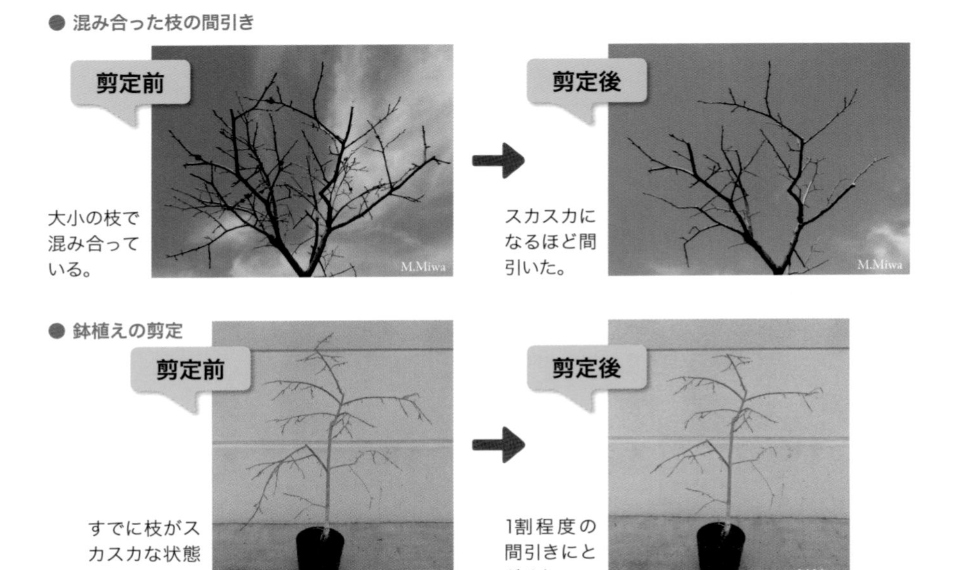

● 混み合った枝の間引き

大小の枝で混み合っている。

スカスカになるほど間引いた。

● 鉢植えの剪定

すでに枝がスカスカな状態の鉢植え。

1割程度の間引きにとどめた。

剪定で切り落とす不要な枝とは？

代表的な不要な枝は下記のとおりです。これらの枝を残しておくと木を管理するうえで不都合なので、優先的に間引きます。はさみ枝や徒長枝、古い枝は特に優先して間引くとよいでしょう。下記のほかにも極度に下向きに伸びる逆さ枝や株元付近の太い幹（主幹）から発生する胴吹き枝も不要です。

はさみ枝
先端付近の2本の枝の角度が狭く、カニのはさみのようになっている枝。両方残すと新梢が伸びた際に当たるので、どちらかをつけ根で切る。

徒長枝
特に長くて太い枝のことで、1m以上のものが多い。養分を無駄に消費し、花芽がつきにくくて結実せず、樹形を乱すのでつけ根で切り取る。

古い枝
枝を何年も伸ばし続けて古くなると、基部付近から枝が発生せず、結実部位が減るので効率が悪くなる。周囲の新しい枝に更新するとよい。

交差枝
周囲の枝と交差する枝のこと。風でこすれて傷の原因になるのでどちらかを切り取る。

枯れ枝
枯れた枝は使い道がなく、病原菌が潜んでいる可能性があるので見つけしだい切り取る。軽く曲げただけで折れるので、生きている枝と見分けやすい。

残った枝の先端を切り詰める

最後に、残った枝のうち一部の枝を選んで先端をハサミで切り詰めます。翌シーズンに結実させたい枝は切り詰めず、結実させないで充実した新梢を発生させたい枝は切り詰めてメリハリをつけることが重要です。

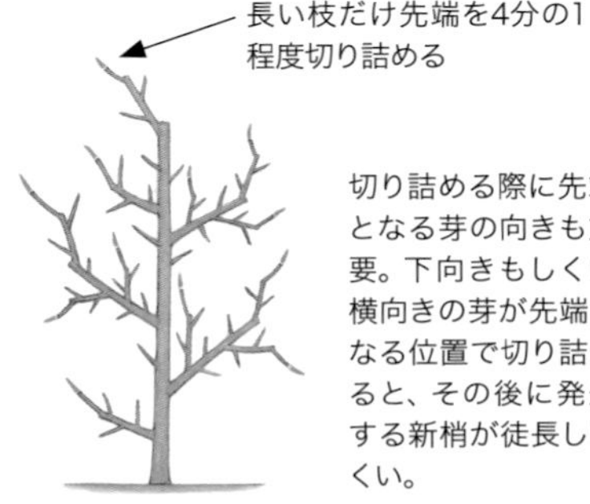

切り詰める際に先端となる芽の向きも重要。下向きもしくは横向きの芽が先端になる位置で切り詰めると、その後に発生する新梢が徒長しにくい。

結果習性　どこに果実がつく？

カキの果実は春に発生した新梢の葉のつけ根につきますが、すべての新梢につくわけではなく、花芽（73ページ参照）から発生した新梢にだけつきます。品種や枝の生育状況によりますが、花芽は休眠枝の先端から5芽程度までにしかつかないことが多く、剪定時に枝を深く切り詰めた枝には花芽がなくなり、花や果実がつかなくなることもあるので注意が必要です。1m以上の徒長枝には先端でも花芽はつきません。

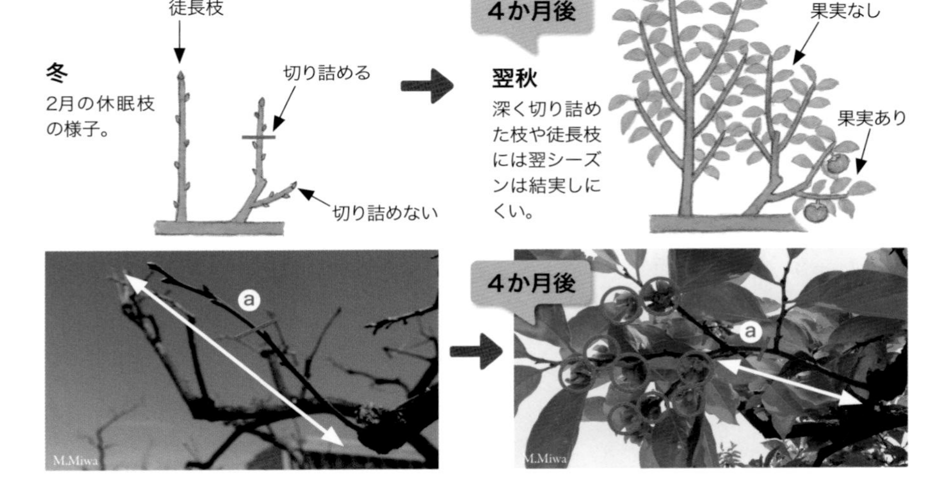

2月の休眠枝の様子。花芽のほうが葉芽より大きい傾向にあるが、大きい葉芽もあるので外見で区別するのは難しい。

6月の様子。先端付近から発生した4本の新梢にだけ結実している。もし2月（左写真）にⓐの位置で切り詰めていたら結実しなかった。

枝の先端をまったく切り詰めないのは問題あり

73、80ページのとおり、花芽は休眠枝の先端付近につく傾向にあり、剪定で枝先を切り詰めると結実しないおそれがあります。そのため、「花芽がなくなるのは避けたいので、カキの枝の先端は切り詰めないほうがよい」と思いがちです。

しかし、枝の先端を切り詰めないと翌春に充実した新梢が発生しにくく、年を経るごとに枝が細くなって果実のサイズや品質、実つきが悪くなります。また、枝が細いと果実の重みで折れやすくなります。つまり長い目で見ると、枝先を一切切り詰めないと収穫量が減って果実の品質が悪くなる可能性があります。

枝の切り詰めによって雄花の数を制御できる

太秋などのように雄花が咲く品種では、細くて弱々しい枝には雄花が咲く傾向があります。雄花がふえると雌花が減り、収穫量も減ります。枝が細くなる原因の一つが枝先を切り詰めないことなので、雌花が少なくて困る場合は枝先を積極的に切り詰めましょう。反対に人工授粉のための雄花が確保できず実つきが悪くて困る場合は、枝先をなるべく切り詰めないように心がけます。

長い枝など全体数の５分の１程度の枝の先端を切り詰める

以上のように、枝の先端をまったく切り詰めないと多くの弊害が生じるので、30cm以上の長い枝だけを選んでその先端を4分の1程度切り詰めましょう。鉢植えや長年、剪定しない状態で放任した木で30cm以上の長い枝がほとんどない場合は、全体数の5分の1程度を目安に枝の先端を切り詰めます。

ただし、30cm以上の枝でも、徒長枝（79ページ参照）は切り詰めても再び徒長枝が発生して逆効果なので、切り詰めないで、すべてつけ根で切り取ります。

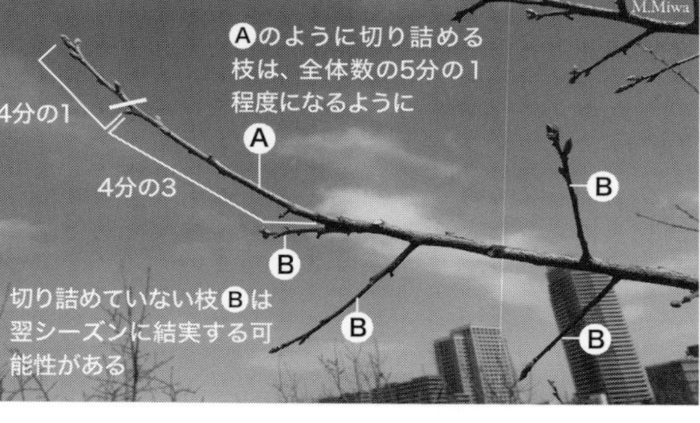

長い枝だけを選んで、その先端4分の1程度を切り詰める。左写真のⒶのように、先頭に位置する枝は、なるべく切り詰める。切り詰めた枝Ⓐからは充実した枝が発生し、翌々シーズン以降に果実をつける枝として活躍させることができる。
切り詰めていない枝Ⓑでは、翌シーズンに結実して収穫できる可能性がある。

剪定後の作業

1 切り口に癒合剤を塗る

剪定が完了したら、市販の癒合剤を切り口の断面に塗ります。切り口がふさがるのを助け、病原菌が侵入するのを防ぐのが目的です。直径1cm以上の傷を目安に、なるべく塗り忘れがないようにしましょう。傷が大きい場合は刷毛などを使って塗ると簡単です。

2 剪定枝を処分する

剪定枝を株元の土の上に放置しておいても、分解されて肥料となるには何年もかかるほか、炭そ病などの病原菌やハダニ類などの害虫が枯れ枝などに残っていて、翌シーズンの発生源となるおそれがあります。春までに処分しましょう。

処分の方法としては、残さず拾い集めたあとに各自治体のルールに従ってゴミとして出すほか、なるべく細かく切って果樹がまわりにない敷地内の地中に埋めます。

剪定枝を束ねてカキの木の近くに積むだけでなく、なるべく早く左記の方法で処分する。

とにかく、まずは切ってみましょう

剪定が初めての場合は、本書の説明がよくわからない部分もあるかもしれませんが、まずは切ってみましょう。経験してみて初めて意味が理解できる内容も多いと思います。切った部分の翌シーズンの経過を観察することが剪定上達の近道です。

Column

カキにまつわる豆知識

● 豊作祈願の風習

日本各地にカキにまつわるさまざまな風習があります。代表的なのが木守柿（きもりがき）で、収穫時にすべての果実をとるのではなく、木の先端に1つの果実を残す風習です。「来年もたくさん実るように」という願いを込めた、まじないの一種です（諸説あり）。

豊作を祈願する風習はほかにもあります。1月15日ごろにナタなどの刃物を持って「ならぬと切るぞ」とカキの木を脅し、樹皮に傷をつけて豊作を誓わせるまじないが成木責（なりきぜ）めです。このように、一見すると非科学的な風習は現在すたれつつありますが、後世に残したい日本の文化です。

木の先端に果実を残し、豊作を祈願する木守柿。

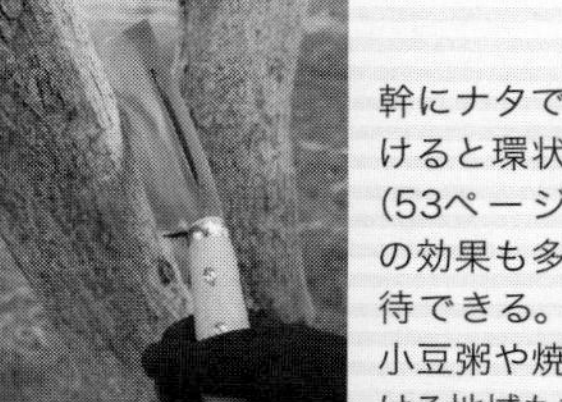

幹にナタで傷をつけると環状はく皮（53ページ参照）の効果も多少は期待できる。傷口に小豆粥や焼酎をかける地域もある。

● カキジャムはなぜ少ないの？

収穫後の果実をジャムにするのは果樹栽培の楽しみ方の定番ですが、カキのジャムはめったに見かけません。

カキのジャムが少ない原因は、ジャムの味を調えて固形化するのに重要な酸味が果実に少なく、レモン汁などの添加が多く必要なのと、煮詰めてもパンなどに塗りやすい形状には仕上がりにくく、ジャムに不向きなためと一般的にはいわれています。しかしながら、手づくりしてみると意外とおいしいジャムになります。

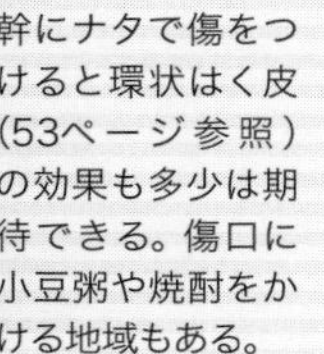

カキジャムを大量生産している業者は少ないが、カキ栽培をしている農家などでは、手づくりのカキジャムを販売していることもある。

もっとうまく育てるために

More info

日ごろの管理で重要な病害虫や置き場、水やり、肥料などについて、もう少し詳しく解説します。12か月栽培ナビ（27～83ページ）も参考にしながら、もっとうまく育てるコツを習得しましょう。

病気

炭そ病 →45ページ参照 ✹✹✹

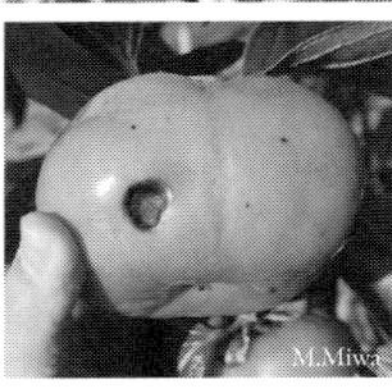

多発すると収穫が皆無になることもある最も厄介な病気。一度発生すると毎年のように発生しやすい。まずは落ち葉や枯れ枝、感染した果実の処分を徹底することが重要。それでも発生するなら、4月、6月、9月の合計3回程度、予防のための薬剤散布を検討したい。発生してから対処しても手遅れになりやすいので、予防を徹底するとよい。

落葉病 →69ページ参照 ✹✹

発生が多いと落葉時期が早まるので注意。落ち葉や枯れ枝の処分が基本的な防除。ひどければ薬剤散布も効果的。

うどんこ病 →69ページ参照 ✹

降雨が多い年に発生が多いが、発生が少なければ特に気にしなくてよい。落ち葉をていねいに処分すると効果的。

✹✹✹ **注意度3**：予防を心がけ、発生したら薬剤散布も視野に入れて対処する
✹✹ **注意度2**：なるべく対処する
✹ **注意度1**：特に気にしなくてもよい

灰色かび病 →47ページ参照 ✹

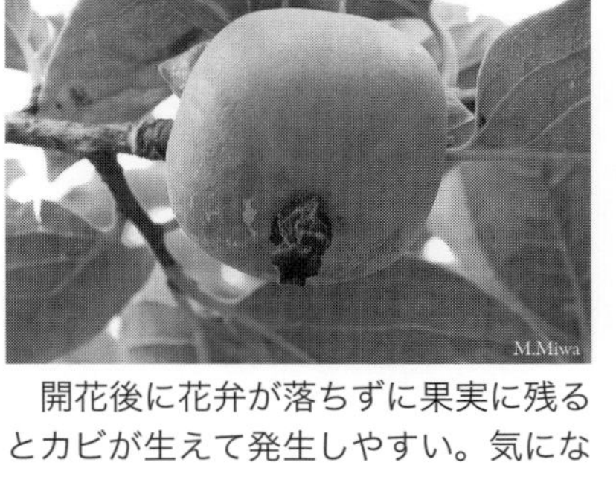

開花後に花弁が落ちずに果実に残るとカビが生えて発生しやすい。気になる場合は花弁を取り除くとよい。

すす病 →63ページ参照 ✹

カイガラムシ類（31ページ）の排せつ物が原因となるので、カイガラムシ類を駆除することが予防になる。

カキに農薬登録のある殺菌剤の例（園芸店などで容易に入手できるもののみ）　（2020年4月現在）

商品名（薬剤名）＼病気名	炭そ病	落葉病	うどんこ病	灰色かび病
サンケイエムダイファー水和剤（マンネブ水和剤）	○	○		
オーソサイド水和剤（ポリカーバメート水和剤）	○	○		
GFベンレート水和剤（ベノミル水和剤）	○	○	○	
トップジンM水和剤（チオファネートメチル水和剤）	○	○	○	
STサプロール乳剤（トリホリン乳剤）			○	
ベニカベジフルVスプレー（クロチアニジン・ミクロブタニル液剤）			○	

注意：登録内容は随時更新されるので、最新の登録情報に従う
：薬液の希釈倍数、使用液量、処理時期、総使用回数は同封の説明書の表記に従う
：薬剤を散布する際には風のない日を選び、皮膚にかからないような服装や装備を心がける

害虫

カキノヘタムシガ

→51ページ参照

多発すると収穫が激減する最も厄介な害虫。へたを残して落果し、残ったへたにおがくずのような黒いふんがあれば発生を疑う。12月ごろに粗皮削りをして越冬個体を駆除するとよい。発生が多くて手に負えないようなら、5月、6月、8月の合計3回程度、予防のための薬剤散布を検討したい。

カメムシ類

→59ページ参照

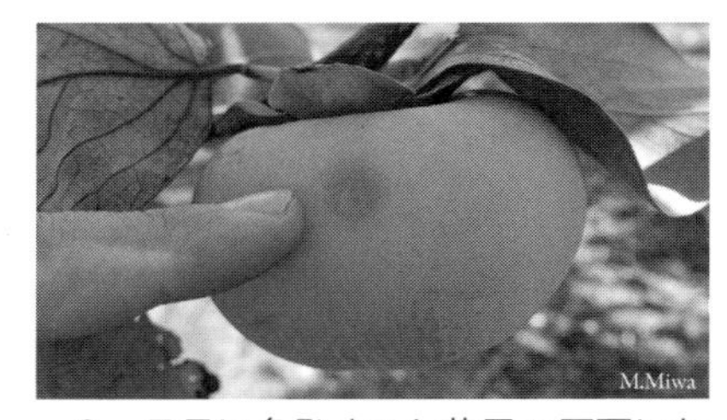

6～7月に多発すると落果の原因になることもあるので注意。薬剤で防ぐのは難しく袋かけが有効な防除法となる。

アザミウマ類

→47ページ参照

体長が2mm 程度で手で取り除くのは難しく、薬剤防除が現実的。果実が汚くなるが、特に気にする必要はない。

イラガ類

→55ページ参照

カキへの被害も気になるが、幼虫に触れると人間に危害が及ぶので、なるべく防除したい。薬剤防除が効果的。

ハマキムシ類

→55ページ参照

葉や果実が白い糸でつづられていたら発生を疑う。発生が少なければ特に気にする必要はない。

ハダニ類 →61ページ参照 ✹

冬の粗皮削りや落ち葉拾いを徹底すると被害は減少する。発生が多くなければ特に気にする必要はない。

カイガラムシ類 →31ページ参照 ✹✹

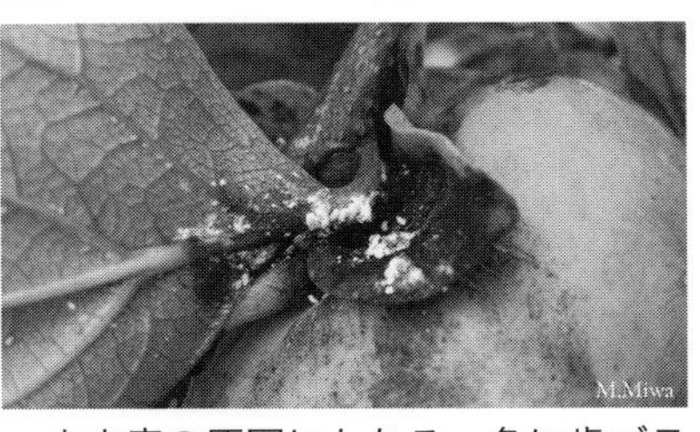

すす病の原因にもなる。冬に歯ブラシなどでこすり取り、そのあとにマシン油乳剤を散布すると非常に効果的。

カキに農薬登録のある殺虫剤の例（園芸店などで容易に入手できるもののみ） （2020年4月現在）

商品名（薬剤名）＼害虫名	カキノヘタムシガ	イラガ類	カメムシ類	チャノキイロアザミウマ	アザミウマ類	ハマキムシ類	ハダニ類	フジコナカイガラムシ	コナカイガラムシ類	カイガラムシ類
ベニカ水溶剤（クロチアニジン水溶剤）	○		○		○				○	
ベニカベジフルスプレー（クロチアニジン水溶剤）	○									
ベニカベジフル乳剤（ペルメトリン乳剤）	○		○	○						
モスピラン液剤（アセタミプリド液剤）	○									
家庭園芸用スミチオン乳剤（MEP乳剤）	○	○	○					○		
家庭園芸用マラソン乳剤（マラソン乳剤）		○				○				○
キング95マシン（マシン油乳剤）							○			○
ダニ太郎（ビフェナゼート水和剤）							○			

注意：登録内容（2020年4月現在）は随時更新されるので、最新の登録情報に従う
：薬液の希釈倍数、使用液量、処理時期、総使用回数は同封の説明書の表記に従う
：薬剤を散布する際には風のない日を選び、皮膚にかからないような服装や装備を心がける

✹✹✹ **注意度3**：予防を心がけ、発生したら薬剤散布も視野に入れて対処する
✹✹ **注意度2**：なるべく対処する
✹ **注意度1**：特に気にしなくてもよい

そのほかの障害

✹✹✹ 注意度３：予防を心がけ、発生したら薬剤散布も視野に入れて対処する
✹✹ 注意度２：なるべく対処する
✹ 注意度１：特に気にしなくてもよい

果頂裂果 →59ページ参照 ✹✹

次郎などの品種で多発。急激な果実肥大を防ぐため、６月の摘果や果実の減らしすぎを控え、夏の土の乾燥を防ぐ。

日焼け ✹

果実の日当たりがよい部分が黒く変色する。摘果で上向きの果実は間引くほか、袋かけも効果的。

へたすき →69ページ参照 ✹✹

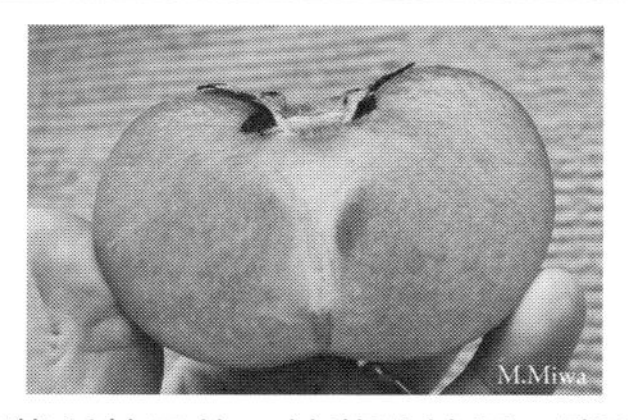

摘蕾が効果的。摘蕾や摘果の際にへたが大きな果実を優先的に残す。８～９月の施肥を控え、土の乾燥を防ぐ。

水不足 →91ページ参照 ✹✹✹

若い枝葉がしおれたり、葉が内側に巻いていれば、まずは水不足を疑う。水不足で枯れることもあるので注意。

条紋 じょうもん →12ページ参照 ✹

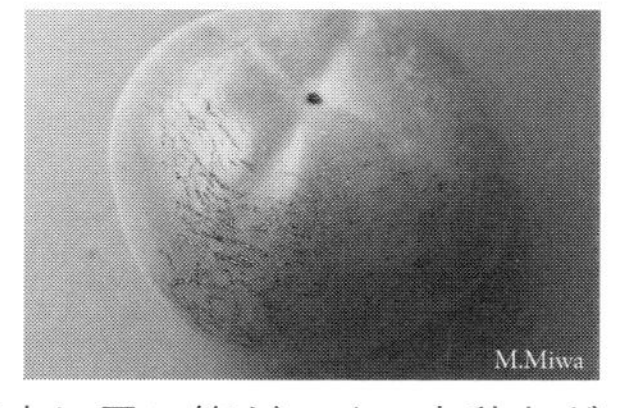

果皮に黒い筋がつく。太秋などで発生しやすい。食味に悪影響はなく、完熟果の証しなので家庭では気にしない。

鳥獣害 →61ページ参照 ✹✹

カラスなどの鳥やサルなどの獣が果実を食べる。手間がかかるが、防鳥網などを設置するとよい。

病害虫の予防・対処法

ふだんから心がける予防法

- 落ち葉や枯れ枝の処分や粗皮削りなどの薬剤以外の防除を行う
- 鉢植えは軒下などの雨がかからない場所に置き、庭植えは袋かけをする
- 水やりの際などに木をよく観察し、発生初期に対応できるように準備する

病害虫が発生した場合や毎年のように発生する場合の対処法

❶ 84～88ページなどを参考にして、発生している病害虫の名前を特定する
❷ 発生初期に病気の被害部や害虫を可能なかぎり手で取り除く（41ページ参照）
❸ 発生（特に炭そ病やカキノヘタムシガ）がひどい場合は、薬剤散布を検討する
❹ 下表を参考にして薬剤を選び、予防・駆除を目的として適期に散布する

カキの主な病害虫の発生時期と防除　　関東地方以西基準

病害虫名	1月	2月	3月	4月	5月	6月	7月	8月	9月	10月	11月	12月
炭そ病	▲落ち葉や枯れ枝の処理			●GFベンレート水和剤		●サンケイエムダイファー水和剤	▲袋かけ		●トップジンM水和剤			
落葉病	▲落ち葉や枯れ枝の処理			●GFベンレート水和剤		●サンケイエムダイファー水和剤			●トップジンM水和剤			
うどんこ病	▲落ち葉や枯れ枝の処理			●GFベンレート水和剤					●トップジンM水和剤			
灰色かび病	▲落ち葉や枯れ枝の処理				▲花弁除去		▲袋かけ					
カキノヘタムシガ					●モスピラン液剤	●ベニカ水溶剤	▲袋かけ	●家庭園芸用スミチオン乳剤				▲粗皮削り
カメムシ類	▲落ち葉や枯れ枝の処理					●ベニカ水溶剤	▲袋かけ	●家庭園芸用スミチオン乳剤				
アザミウマ類	▲落ち葉や枯れ枝の処理					●ベニカ水溶剤	▲袋かけ					▲粗皮削り
イラガ類	▲こすり落とす						●家庭園芸用マラソン乳剤	●家庭園芸用スミチオン乳剤				▲粗皮削り
ハマキムシ類	▲落ち葉や枯れ枝の処理						●家庭園芸用マラソン乳剤					▲粗皮削り
ハダニ類	▲落ち葉や枯れ枝の処理					●ダニ太郎	▲袋かけ					●キング95マシン
カイガラムシ類（すす病）	▲こすり落とす						●家庭園芸用マラソン乳剤					●キング95マシン

注意：登録内容（2020年4月現在）は随時更新されるので、最新の登録情報に従う
：薬液の希釈倍数、使用液量、処理時期、総使用回数は同封の説明書の表記に従う
：薬剤を散布する際には風のない日を選び、皮膚にかからないような服装や装備を心がける

━：被害が大きい時期
●：薬剤による防除
▲：薬剤以外の防除

置き場

鉢植えのカキは置き場の環境によって生育状況が大きく変化します。年中同じ場所に置きっぱなしにしないで、季節や時間帯などに応じた置き場を選びましょう。

春〜秋の置き場

日当たりのよい場所

日光を浴びて光合成をすればするほど実つきがよくなり、果実が大きく甘くなる傾向にあります。また、病害虫も発生しにくくなります。

風通しのよい場所

風通しがよいと湿度が下がって病気が発生しにくいほか、害虫が寄りつきにくくなって被害が減ります。

雨が当たらない軒下など

病原菌の糸状菌（カビの一種）は、感染や増殖に水が必要です。炭そ病など84〜85ページの病気はすべて糸状菌が原因なので、軒下に置いて枝葉や果実に水がかからないと、ほとんど発生しなくなります。そのため雨水がかからない軒下で、直射日光が最低3時間程度は当たる場所に鉢植えを置くとよいでしょう。

常に軒下に置くのが無理なら、雨が多く感染が多い梅雨期だけでも軒下への移動を検討しましょう。また、花粉が雨水で流れて受粉が失敗しやすい開花期や、果皮が柔らかくなる成熟期の秋についても軒下に避難させると効果的です。

春〜秋の理想的な鉢植えの置き場

日当たりと風通しがよく、雨が当たらない軒下がベスト。

冬の置き場

日当たりや風通しは問わない

冬は落葉しているので、日当たりや風通しはほとんど影響しません。

暖かい場所に置くと眠り症に

−13℃程度まで耐えるので、寒冷地以外では戸外で冬越しさせます。

寒冷地では−13℃を下回らない場所に移動させますが、暖房が効いた室内など、常に7℃以上の暖かい場所に置くと、カキの枝が休眠しません。すると、翌春に暖かくなっても萌芽しにくくなり、開花数や結実数が激減することがあります。この現象を眠り症といいます。眠り症を防ぐには7℃を下回る場所で冬越しさせましょう。

水やり

カキは根が乾燥に弱く、水やりが重要な管理作業となります。タイミングの見極めが難しく、「水やり３年」という言葉があるほどなので、心して取りかかりましょう。

根が乾燥に弱いので注意

カキの根は太くて地中深く張っているので、庭植えは相当乾燥しないと木が枯れるようなことはありません。そのため、カキの根は乾燥に強いと表現されることもあります。しかし実際は微妙な土の変化に敏感で、根の乾燥が落果や果頂裂果、へたすきなど（88ページ参照）の原因になることがあります。また鉢植えは、夏に水やりを3日ほど怠るとしおれることもあります。そういった意味で、根が乾燥に弱い果樹だといえます。

庭植えのカキの根。直根が多いことがわかる。

庭植えの水やり

秋から春は水やりが不要ですが、7〜9月の夏場は注意しましょう。10日ほど降雨がなければ、枝葉が広がる範囲の地面にたっぷりと水をやります。

鉢植えの水やり

鉢土が乾いたらたっぷり

鉢植えは根の広がる範囲が限られているので頻繁に水をやる必要があります。一度枝葉がしおれると、その年だけでなく、翌年以降の実つきも悪くなることが多いので注意が必要です。

「鉢土の表面が乾いたらたっぷり」が基本ですが、慣れるまでは春や秋は2〜3日に1回、夏は毎日、冬は5〜7日に1回を目安にして行いましょう。慣れたら鉢土の表面の乾き具合や新梢の活力などからタイミングを見極めます。

株元に向かってかける

90ページで解説したように、株に水がかからなければ病気はほとんど発生しないので、水やりは枝葉や果実ではなく、株元に向かってやります。ただし、葉水（61ページ）は例外です。

水は枝葉にかけず、株元に向かってかける。

More info

肥料

ついついやりすぎたり、足りなくなってしまう肥料。木の状態をよく観察して、適切な栄養状態になるように施肥の方法を工夫しましょう。

施す肥料の種類

施す肥料の種類は土の物理性（ふかふか度）、化学性（栄養面）が満たされていれば、どんな肥料でもかまいません。

チッ素とリン酸とカリの割合について、「リン酸は実肥（みごえ）」としてリン酸が大量に含まれた肥料を推奨する例もあるようですが、カキにおける栄養吸収率を調査するとチッ素、リン酸、カリを同程度の割合で吸収・利用するので、これらを同程度の割合で含む肥料（N-P-K=8-8-8など）がおすすめです。本書では、春肥に油かす、夏肥や秋肥に化成肥料を施す方法を紹介しています。

施す肥料の量

施す肥料の量は、木の大きさによって調整します。鉢植えは鉢の大きさ（号数）、庭植えは樹冠直径（93ページ参照）の大きさをもとに、下表を目安にしてください。

ただし、肥料の量は品種や土壌の状態、環境条件などによっても異なるので、下表はあくまで目安とし、生育状況を観察しながら、育てている株に合った量に調整するとよいでしょう。肥料が足りない場合は葉の色が薄くなり、多すぎる場合は新梢が太く長くなって実つきが悪くなる傾向にあります。

肥料を施す時期と種類、量の目安

施肥時期	肥料の種類*1	鉢植え			庭植え		
		鉢の大きさ			樹冠直径*2		
		8号	10号	15号	1m未満	2m	3m
2月 春肥・元肥	油かす	30g	45g	90g	150g	600g	1350g
6月 夏肥・追肥	化成肥料	10g	15g	30g	45g	180g	400g
10月 秋肥・お礼肥	化成肥料	8g	12g	24g	30g	120g	270g

＊1　油かすは、ほかの有機質肥料が混ざっていればなおよい。化成肥料はN-P-K=8-8-8など
＊2　93ページ参照
注意：肥料の重さを量る必要はなく、一握り30g、一つまみ3gを目安にするとよい

施す場所

鉢植え

鉢の縁を中心にして鉢土の全体に肥料をやります。株元や鉢の縁だけに偏ってやらないようにしましょう。庭植えのように土の中にすき込む必要はありません。

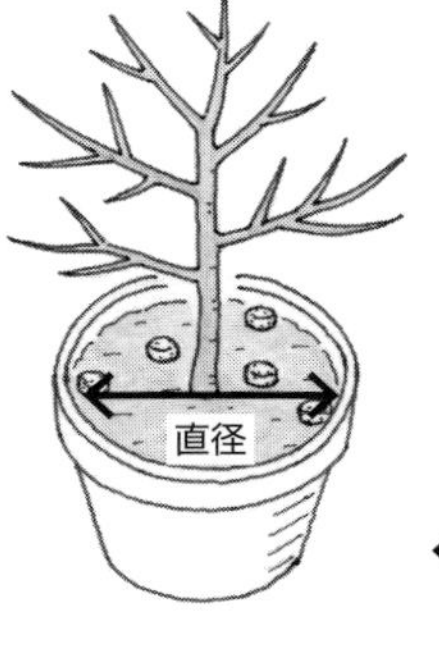

鉢植え
鉢土の全体に偏りなく施すとよい。鉢の縁だけに集中的に施すと肥料焼けや肥料の流失が発生しやすい。

庭植え

根の大部分が右図の樹冠の範囲に広がる傾向にあるので、その全体に均一に施します。施したあとにクワなどで軽くすき込むと吸収が促進されるほか、鳥などに食べられるリスクを減らせます。

庭植え
樹冠の範囲に施し、軽くすき込む。樹冠の周囲だけに施すと肥料焼けや肥料の流失が発生しやすい。

実つきが悪いのは肥料不足？

「実つきが悪いのは肥料が足りないから」と決めつけてはいませんか？　肥料分、特にチッ素分が土の中に必要以上に含まれる場合は、徒長枝の割合がふえる傾向にあります。一見すると太くて長く充実している徒長枝は、養分の大部分が新梢自身の生育に使用されており、花芽がつかないので結実させる枝としては利用できません（79ページ参照）。つまり、実つきが悪い木に施肥をしすぎても改善は期待できず、さらに樹形を乱すので逆効果になることが多いのです。

反対に、多少やせた土で育てた木からは、適度な長さの新梢が発生して効率的に結実することが多いです。実つきが悪い場合には肥料の量を減らすか施さないほうがよいでしょう。

写真のように50cm未満の適度な長さの休眠枝のほうが花芽がつきやすく、結実しやすい。

実つきが悪い場合の対処法

実つきが悪い場合は原因を明らかにして対策を講じましょう。まずは落果した時期から以下のＡ～Ｃのどれに当てはまるか確認することから始めます。

A
花すら咲かない
花の数が少ない

- 植えつけから数年しかたっていない → ❶へ
- 前年にたくさん収穫できた → ❸へ
- 置き場や植えつけた場所の日当たりが悪い → ❹へ
- 剪定時に樹高をかなり低くした → ❺へ
- 剪定でたくさんの枝の先端を深く切り詰めた → ❺へ
- 前年の夏に葉が巻いたりしおれた → ❻へ
- 肥料は十分やっている → ❼へ
- 鉢底から根が出たり、水がしみ込みにくい → ❽へ
- 鉢植えを室内などで冬越しさせた → ⓬へ

B
6～7月に落果した
（前期生理落果）

- 植えつけから数年しかたっていない → ❶へ
- 人工授粉はしていない → ❷へ
- 単為結果性の弱い品種（24ページ）を栽培中 → ❷へ
- 置き場や植えつけた場所の日当たりが悪い → ❹へ
- 葉が巻いたりしおれたことがある → ❻へ
- 肥料は十分にやっている → ❼へ
- 鉢底から根が出たり、水がしみ込みにくい → ❽へ
- 果実や葉に斑点が発生して落ちた → ❾へ
- へたを残して落果し、ふんが残っている → ❿へ

C
8月以降に落果した
（後期生理落果）

- 置き場や植えつけた場所の日当たりが悪い → ❹へ
- 葉が巻いたりしおれたことがある → ❻へ
- 8～9月に肥料をやった → ❼へ
- 鉢底から根が出たり、水がしみ込みにくい → ❽へ
- 果実や葉に斑点が発生して落ちた → ❾へ
- へたを残して落果し、ふんが残っている → ❿へ
- 台風などで強風が吹いた → ⓫へ

❶ 結実するには木がまだ若すぎる

初結実まで苗木から3年以上（32ページ）、タネから7年以上（42ページ）かかるので、適切な管理作業をして木の生育が落ち着くまで待ちましょう。

❷ 受粉が失敗したため タネができなかった

受粉樹（25ページ）を用意して、人工授粉（48～49ページ）をしましょう。

❸ 前年に果実をならせすぎて 隔年結果した

摘蕾（45ページ）や摘果（56～57ページ）で果実の数を減らしましょう。

❹ 日照不足で光合成ができず 養分が不足した

植えつける場所（36ページ）や置き場（90ページ）を改善しましょう。

❺ 剪定で切りすぎた

樹高を低くするために1年で木を縮めすぎたり（76～77ページ）、休眠枝の先端を深く切り詰めて花芽がなくなった（80ページ）可能性があります。

❻ 水不足で根が乾燥して木が傷んだ

水やり（91ページ）を見直しましょう。

❼ 施肥の量や時期を間違えた

肥料、特にチッ素を施しすぎると新梢が徒長しやすく、花芽がつきにくくなります。肥料を施す量や時期を再検討しましょう（92～93ページ）。

❽ 鉢植えが根詰まりした

植え替え（32～35ページ）をして、新しい根の発生を促します。

❾ 炭そ病が発生した

45、84、89ページを参考にして予防と対処をしましょう。

❿ カキノヘタムシガが発生した

51ページ、86ページを参考にして予防と対処をしましょう。

⓫ 強い風が吹いて落果した

鉢植えは置き場を再検討します。庭植えは剪定で枝を切り詰めて（80～81ページ）充実させ、折れにくくします。

⓬ 眠り症になった

置き場（90ページ）を見直しましょう。

三輪正幸（みわ・まさゆき）

1981年、岐阜県不破郡関ケ原町生まれ。カキの産地で幼少期を過ごし、果樹の栽培法に興味をもつ。千葉大学園芸学部入学を機に上京。千葉大学大学院自然科学研究科修了。現在は千葉大学環境健康フィールド科学センター助教。専門は果樹園芸学、昆虫利用学など。果樹に関する研究のほか、最近ではミツバチの研究に取り組む。
教育研究活動のほかには、「NHK 趣味の園芸」や「NHK あさイチ グリーンスタイル」などのテレビ・ラジオ出演や全国での講演活動を通して、家庭で果樹栽培を気軽に楽しむ方法を提案している。
『NHK 趣味の園芸 12か月栽培ナビ⑥ かんきつ類』（NHK 出版）、『果樹栽培 実つきがよくなる「コツ」の科学』（講談社）、『小学館の図鑑 NEO 野菜と果物』（小学館）、『剪定もよくわかる おいしい果樹の育て方』（池田書店）、『おいしく実る！ 果樹の育て方』（新星出版社）など著書・監修書多数。

NHK 趣味の園芸
12か月栽培ナビ⑭
カキ

2020年10月15日　第1刷発行
2023年 5 月30日　第3刷発行

著　者　三輪正幸

発行者　土井成紀
発行所　NHK 出版
〒150-0042
東京都渋谷区宇田川町 10-3
TEL 0570-009-321（問い合わせ）
0570-000-321（注文）
ホームページ
https://www.nhk-book.co.jp
印刷　凸版印刷
製本　凸版印刷

ISBN978-4-14-040291-7 C2361
Printed in Japan

表紙デザイン
岡本一宣デザイン事務所

本文デザイン
山内迦津子、林 聖子
（山内浩史デザイン室）

表紙撮影
牧 稔人

本文撮影
牧 稔人

イラスト
江口あけみ
タラジロウ（キャラクター）

校正
安藤幹江／髙橋尚樹

編集協力
倉重香理（3and garden）

企画・編集
新 明子
上杉幸大（NHK 出版）

取材協力・写真提供
千葉大学環境健康フィールド科学センター／三輪正幸／三輪粧子